混凝土结构耐久性丛书

混凝土构件的钢筋锈蚀与退化速率

耿　欧　著

中国铁道出版社

2010年·北京

内 容 简 介

本书是作者近年来从事混凝土结构耐久性、尤其是混凝土中钢筋锈蚀速率研究工作的总结，旨在探讨侵蚀环境下混凝土构件中的钢筋锈蚀速率的预计问题。本书重点论述了混凝土中钢筋锈蚀电化学原理与基本预计模型、锈胀裂缝及构件受荷载作用引起的横向裂缝对钢筋锈蚀速率的影响、构件钢筋骨架配筋的影响、锈蚀钢筋混凝土受弯构件承载能力退化规律与预计模型、锈蚀混凝土构件耐久性极限状态等内容。

本书可供土木工程专业领域的科学研究人员、工程技术人员以及研究生、本科生参考使用。

图书在版编目（CIP）数据

混凝土构件的钢筋锈蚀与退化速率/耿欧著.
北京：中国铁道出版社，2010.11
混凝土结构耐久性丛书
ISBN 978-7-113-11997-3

Ⅰ.①混…　Ⅱ.①耿…　Ⅲ.①钢筋混凝土结构-结构构件-钢筋-腐蚀-研究　Ⅳ.①TU375

中国版本图书馆 CIP 数据核字（2010）第 196151 号

书　　名：混凝土结构耐久性丛书
　　　　　混凝土构件的钢筋锈蚀与退化速率
作　　者：耿　欧　著

责任编辑：时　博　　　电话：010-51873141　　　电子信箱：crph@163.com
封面设计：冯龙彬
责任校对：孙　玫
责任印制：郭向伟

出版发行：中国铁道出版社（100054，北京市宣武区右安门西街 8 号）
网　　址：http://www.tdpress.com
印　　刷：三河市华丰印刷厂
版　　次：2010 年 11 月第 1 版　2010 年 11 月第 1 次印刷
开　　本：720 mm×1 000 mm　1/16　印张：10.75　字数：197 千
书　　号：ISBN 978-7-113-11997-3
定　　价：30.00 元

《混凝土结构耐久性丛书》序

我国正处于土木工程基础设施大规模建设阶段，钢筋混凝土材料仍是土木工程基础设施中最重要的建筑材料，水泥基混凝土用量已达到了人均世界第一的水平。但是，我们必须清醒地看到，土木工程基础设施的百年大计问题，特别是混凝土结构耐久性方面，尚有很多问题需要去解决。值得庆幸的是，混凝土结构的耐久性问题不仅得到了学术界的重视，而且也得到了工程界的关注。在混凝土结构耐久性设计方法、使用寿命预测，以及既有结构耐久性加固修复等方面，学术界已开展了广泛的研究，同时在工程实践过程中，特别是重大工程，其耐久性问题也得到了高度重视。

中国矿业大学混凝土结构耐久性课题组在国家自然科学基金的多次资助下，经过十余年的不懈努力，在混凝土结构耐久性方面获得了较系统的研究成果，在国内外重要学术刊物和重要学术会议上发表了近百篇论文。为进一步推动混凝土结构耐久性研究的深入开展，现将本课题组所得到的研究成果汇总成这套丛书。

本丛书所论述的混凝土结构耐久性问题主要包括两个方面：一是大气环境氯盐侵蚀引起的地面混凝土结构钢筋锈蚀耐久性问题，二是岩土环境硫酸盐侵蚀引起的地下结构混凝土腐蚀耐久性问题。

丛书由以下五本著作组成：

(1)钢筋混凝土的全寿命过程与预计

(2)混凝土构件的钢筋锈蚀与退化速率

(3)锈蚀混凝土构件的承载性能评估与设计

(4)锈蚀混凝土结构的耐久性修复与保护

(5)地下结构混凝土硫酸盐腐蚀机理及性能退化

前四部著作以论述大气环境氯盐侵蚀引起混凝土内钢筋锈蚀所产生的一系列耐久性问题为主线，分别从不同角度、途径对此进行深入论述，相互之间又存在着衔接、递进的关系。著作(1)将钢筋起始锈蚀条件、钢筋锈胀力分布和发展、钢筋锈胀开裂预计和锈胀开裂后的锈蚀演进联系起来，考察混凝土结构的全寿命过程，提出了钢筋锈蚀速率变化的时变模型，可以预计全寿命过程的各个时段长度。著作(2)通过混凝土内钢筋锈蚀速率的研究，将混凝土结构的服役时间、锈蚀程度联系起来；在基本电化学预测模型基础上，综合了构件受荷载作用引起横向裂缝的影响，以及构件钢筋骨架配筋的影响；钢筋锈蚀速率模型可以预测与时间相关的钢筋锈蚀量。著作(3)基于人工气候和自然气候氯盐侵蚀环境的试验研究，论述了普通混凝土结构和预应力混凝土结构内钢筋的力学性能及粘结性能以及构件结构性能的退化规律，建立了与锈蚀程度相关的钢筋强度与构件承载能力预计概率模型，提出了锈蚀混凝土构件承载性能评估与设计的体系与方法。著作(4)论述混凝土结构的耐久性修复问题，其中重点考虑了本体混凝土与修复材料之间存在的早期物理、力学性能与电化学性能相容性问题；如不很好解决加固修复中的不相容问题，将不能达到恢复结构耐久性的目的。

著作(5)以地下混凝土结构为对象，考虑岩土环境硫酸盐侵蚀作用，介绍了混凝土受硫酸盐腐蚀的试验和检测方法，论述了侵蚀物类型、浓度、地下水压力以及荷载应力等因素对混凝土腐蚀速率的影响，建立了混凝土腐蚀速率预计模型；论述了混凝土强度及粘结性能，以及构件结构性能的退化规律，提出了受硫酸盐腐蚀构件结构性能评估方法及抗硫酸盐腐蚀的设计建议。

《混凝土结构耐久性丛书》的作者均是本课题组主要研究人员。每部著作均以作者本人研究成果为主，同时还综合历届研究生相应成果撰写而成；另外，为达到论述系统、便于阅读的目的，每部著作还兼顾介绍了有关的背景和基础知识。

感谢国家自然科学基金会对《混凝土结构耐久性丛书》相关研究工作的资助，感谢中国矿业大学深部岩土力学与地下工程国家重点实验室和煤矿深井建设技术国家工程实验室对本丛书出版的资助。

中国矿业大学教授

2010 年 8 月

前　言

自然环境中,混凝土结构性能会逐渐劣化、损伤甚至失效,这一现象即为混凝土结构耐久性研究的主要问题。目前,我国基础设施的建设仍以混凝土结构为主体,而由于混凝土结构耐久性不足引起的巨大经济损失、资源浪费以及环境显著破坏等方面的问题,已成为建筑业可持续发展的瓶颈之一。在影响混凝土结构耐久性的众多因素中,钢筋锈蚀是其中最主要的因素。混凝土中钢筋的锈蚀机理、锈蚀速率预计以及人工气候环境与自然气候环境下钢筋锈蚀的相关性,已成为目前混凝土结构耐久性研究领域急需解决的问题之一。

作为一名结构工程领域的科技工作者,作者有幸于2002年开始年师从袁迎曙教授进行混凝土中钢筋锈蚀问题的研究,对氯盐环境下普通硅酸盐混凝土构件中钢筋锈蚀的电化学原理和锈蚀规律进行了一定的探索。本书即为作者八年来主要研究成果的总结和概括,其主要内容包括:钢筋锈蚀速率电化学基本模型、顺筋裂缝区钢筋锈蚀速率、横向裂缝区钢筋锈蚀速率、混凝土构件配筋特征对钢筋锈蚀速率的影响、自然气候环境下钢筋锈蚀速率与锈蚀量预计模型以及混凝土耐久性极限状态等,希望抛砖引玉,与同行携手共同促进混凝土结构耐久性的深入研究。

感谢恩师袁迎曙教授对本书写作的指导!感谢吴庆、李富民、李果、姬永生、杜健民博士在写作过程中提供的资料和修改建议!感谢硕士研究生郑靖靖、陈辞为本书部分插图绘制提供的帮助!另外,本书写作中还参阅、引用了大量国内外专家的有关文献资料,作者在此也表示衷心感谢!

由于作者学术水平有限,加之时间仓促,书中讹谬之处定然不少,诚望读者不吝赐教!

耿　欧

2010年8月

符号与注释

A——金属的相对原子质量

A_c——影响钢筋锈蚀的混凝土透氧表面积

A_s——钢筋锈蚀表面积

$A_{y,se}$——纵向受拉钢筋等效截面面积

A_s——受拉钢筋面积

A_{te}——有效受拉混凝土截面面积

b——截面原有宽度

b_e——锈胀后截面计算宽度

c——混凝土保护层厚度

c_1、c_2——截面高度方向的两侧保护层厚度

c_3、c_4——截面宽度方向的两侧保护层厚度

d——钢筋或金属试件直径

d_1——钢筋或金属试件清除锈蚀产物后的直径

D_c——氧气在混凝土中的扩散系数

DT_m——月当量摄氏温度

DRH_m——月当量相对湿度

E_e——金属在溶液中的平衡电极电位

$E_{e,c}$，$E_{e,a}$——开路状态时阴、阳极的平衡电极电位（初始电位）

E_c^0，E_a^0——阴极、阳极电化学反应的标准电位

E_{corr}——腐蚀电池的混合电位，即腐蚀电位

E_g——内外部钢筋间电位差

ΔE——钢筋锈蚀阴阳极间初始电位差

E_c——混凝土的弹性模量

E_s——钢筋的弹性模量

F——法拉第常数

f_c——混凝土轴心抗压强度设计值

f_{cuk}——混凝土立方体抗压强度标准值

$f_{y,c}$，$f'_{y,c}$——受拉和受压锈蚀钢筋名义屈服强度

h——截面原有高度

h_e——锈胀后截面计算高度

h_{0e}——锈胀构件截面有效高度

I——腐蚀(锈蚀)电流

I_a——钢筋阳极锈蚀电流

i_0——裂缝出现前钢筋锈蚀电流密度

I_{corr}——腐蚀电池的混合电位对应的腐蚀电流

i_a——阳极腐蚀(锈蚀)电流密度

i_c——阴极腐蚀(锈蚀)电流密度

i_{a1}——一般湿度环境下钢筋锈蚀电流密度

I_{a1}——一般湿度环境下钢筋锈蚀电流强度

I_d——高湿条件下氧扩散控制时钢筋锈蚀电流强度

k_{Cl^-}——氯离子含量

L_c——沿混凝土构件截面透氧范围的长度(简称透氧长度)

l——钢筋长度

L_{cz}——中部钢筋的透氧范围长度

L_{cj}——角部钢筋的透氧范围长度

l_a——钢筋锈蚀阳极区长度

l_c——钢筋锈蚀阴极区长度

L_{cr}——混凝土构件实际的裂缝间距

L_{se}——裂缝尖端混凝土损伤脱开长度

MT——月积摄氏温度

MRH——月积湿度

$M_{c,u}$——锈蚀钢筋混凝土梁正截面受弯承载力

n——金属的价数

N——金属的相对原子质量/价数

n_c——阴极反应单位氧的电子数

n_a——阳极反应的电子数

n_t——月中日平均温度高于5 ℃的天数

n_R——月中日平均相对湿度高于60%的天数

N_0——月总天数

$[O_2]^0$——混凝土构件外部氧气的浓度

P_c,P_a——阴极、阳极极化阻力

PS——混凝土孔隙水含水率

Q——腐蚀(锈蚀)时阳极通过的电量

R_{con}——腐蚀电池阴阳极间溶液(或混凝土)电阻

R_p——腐蚀(锈蚀)体系的极化电阻,又称极化阻力

R——腐蚀(锈蚀)电路总电阻

R_c——混凝土保护层电阻

R_0——气体常数

RH——相对湿度

RH_i——日平均相对湿度高于60%的第 i 天的日平均相对湿度

r——钢筋半径

S_0——金属试件表面积

S_C,S_A——阴、阳极区面积

s_l——钢筋在混凝土中的锚固长度

Δs——钢筋的微滑移量

s——钢筋间距

s_1——内外排钢筋间距

t——锈蚀时间

T_c——环境摄氏温度

T——绝对温度

T_i——日平均温度高于5 ℃第 i 天的日平均摄氏温度

$v_{失重}$——以失重量表达的腐蚀(锈蚀)速率

$v_{直径}$——以直径减少量表达的腐蚀(锈蚀)速率

W_0——金属试件原始质量

W_1——金属试件清除锈蚀产物后的质量

w——顺筋裂缝宽度

w_h——横向裂缝宽度

ΔW——金属试件失重量

x——受压区等效矩形应力图高度

α——氧气在水中溶解度

α_0——几何损伤系数

α_1——受压区混凝土矩形应力图所取应力与混凝土抗压强度设计值的比值

β_a,β_c——阳极和阴极过程的 Tafel 常数

η_a——阳极过电位

η_c——阴极过电位

λ——钢筋锈蚀损伤率

ρ_{con}——混凝土的电阻率

ρ_{te}——按有效受拉混凝土截面面积 A_{te} 计算的纵向受拉钢筋配筋率

ν——纵向受拉钢筋表面特征系数

目 录

Contents

第1章 绪 论

1.1 建筑业可持续发展和钢筋锈蚀的研究意义

1.1.1 建筑业可持续发展的紧迫性

1987年联合国世界环境与发展委员会(WCED)在《我们共同的未来》报告中第一次阐述了可持续发展(Sustainable Development)的概念,此后在1992年在巴西里约热内卢召开"环境与发展"全球首脑会议上又提出"21世纪议程(Agenda21)",该文件为经济和环境的可持续发展提供了一个具体的行动指南。目前,"可持续发展"的概念已经为世人普遍认同,世界各国对人类的可持续发展问题都给予了高度的重视。概括来讲,可持续发展是指"既能满足当代人的需要,又不对后代人满足其需要的能力构成危害的发展"[1]。可持续发展如同过去的农业革命、工业革命一样,是人类为求生存发展而进行的革命性的变革,是一种新的科学观、自然观和发展观,是人类面对未来生存困境所做出的理性抉择,国际社会和世界各国对于全球可持续发展的共识逐步提高,可持续发展的观念正在成为国际社会所追求的新的发展模式和共同目标。可持续发展观念中包含了"需求"和"限制"两层内涵:既要满足目前人们不断提高的"需求"目标,又要"限制"对资源和环境的过度开发,即人类的经济和社会发展不能超越资源与环境的承载能力。

建筑业是典型的立足于消耗大量资源和能源、对自然环境产生极大影响的产业。据统计,建筑业消耗了地球上约50%的能源、42%的水资源、50%的材料和48%的耕地;产生了全球24%的空气污染、50%的温室效应、40%的水源污染、20%的固体垃圾和50%的氯氟烃等[2]。因此,建筑业可持续性发展问题是人类社会可持续发展的重要环节,只有实现了建筑的可持续发展,人类社会的可持续发展才能真正实现。

就我国而言,改革开放后的经济发展世人瞩目,2000年我国GDP已经达到1.08万亿美元,世界排名也升至世界第6位,GDP年均增长率高达9.52%,是世界上增长速度最快的国家之一,是同期世界经济年均增长速度的3倍[3];而至2010年第二季度,我国GDP则已超过日本,居世界第2位。随着我国的经济活力的不断提高,我国建筑业也取得了飞速的发展,逐渐成为关系国计民生的支柱产业。住宅方面,随着我国新农村建设以及城市化步伐的加快,城乡建筑发展十分迅速,房屋建设规模日益扩大,住宅产业投资规模不断扩张,每年新建建筑面积达18亿 m^2,已有的建筑面积已近400亿 m^2[2]。公路、桥梁方面,目前已建成高速公路2.5万km(平均1~2km就有1座桥梁),总里程仅次于美国,已经居世界第2位。建设中的高速公路有1.6万km,还有4万km将在未来10~20年内建成[3],这样的建设规模与速度是世界罕见的。如此大规模建设也拉动了我国水泥、钢铁等产业的大发展。2000 年我国的水泥产量突破了 7 亿 t,2003 年我国水泥消费 8.2 亿 t,占全世界产量的 55% ,2004 年为 9.7 亿 t,连续数年居全球首位;2003 年我国钢材消费量达 2.714 亿 t,约占全球钢材消费总量 30% 。可以毫不夸张地说,全世界半数以上的工程建设项目都是在中国进行的,中国是当今世界最大的建筑市场,中国的建筑业正处于发展顶峰时期。如此大规模的建设和强大的市场需求,增加了我国对资源的需求和对环境的影响,因此,也增加了建筑业可持续性发展的紧迫性。

1.1.2 混凝土结构耐久性不足对建筑业可持续发展的严重影响

混凝土结构耐久性是指混凝土结构及其构件在可预见的工作环境及材料内部因素的作用下,在预期的使用年限内抵抗大气影响、化学侵蚀和其他劣化过程,而不需要花费大量资金维修,也能保持其安全性和适用性的功能[4]。混凝土结构耐久性失效过程包含了混凝土结构的建造、使用和老化的整个结构生命全过程,它决定着结构的“健康”和“寿命”。

目前,世界上的基础设施建设仍以钢筋混凝土结构为主体,而由混凝土结构耐久性不足而引起的巨大经济损失、资源浪费以及环境显著破坏等方面的问题,已成为建筑业可持续发展的瓶颈之一。

首先,混凝土结构耐久性不足引起了巨大的经济损失。根据美国标准局(NBS)1975 年的调查,美国全年各种因混凝土结构耐久性不足造成的损失为 700 多亿美元,其中混凝土中钢筋锈蚀损失占 40% ,1985 年则达 1 680 亿美元[5]。美国材料咨询委员会(NMAB)1987 年的年度报告中指出,有 253 000 座混凝土桥处于不同程度损伤,且以每年 35 000 座的速度在增加[6]。1989 年美国运输部门给国会的一份关于美国公路与桥梁状况的报告中指出:“现在积压着有待修补的混凝土桥梁的维修费用是 1 550 亿美元”[5]。

1991 年美国技术评估中心确认美国基础设施总资产为 1.4 万亿美元,而每年的修复费为 1400 亿美元,占总资产的 10% 。10 年的修复费就能与总资产持平,若保持基础设施正常运行 40 年,则需要花费 4 倍的总资产费[3]。目前美国整个混凝土工程的价值约为 6 万亿美元,而今后每年用于维修或重建的费用预计将高达 3 000 亿美元[5]。

在英国,许多现代公路、公用与商业用钢筋混凝土结构的耐久性问题也十分突出。英格兰岛的中环线快车道上有 11 座高架桥(全长 21 km),总造价(1972 年)是 2 800万英镑。由于冬天撒盐除冰,两年后就发现钢筋锈蚀使混凝土胀裂。到 1989 年的 15 年间,修补费已高达 4 500 万英镑(即已为造价的 1.6 倍)。估计以后 15 年间的维修还要耗资 1.2 亿英镑(即接近造价的 6 倍)。英国环保部门最近的一份报告估计,英国建筑工业的年成交额为 500 亿英镑,而现在,因钢筋锈蚀破坏,需要更换钢筋或重建的钢筋混凝土结构占 36% ,年修补费已达 5.5 亿英镑(占其 1.1%),成为英国一个沉重的财政负担[5]。

在前苏联一般工业区，大部分工业厂房和构筑物都不同程度的遭到各种介质的侵蚀，其损耗总值每年达400亿卢布以上，约占工业固定资产总值的16%，若不对这些厂房和构筑物采取专门的保护措施，那么因建筑结构缩短使用周期而造成的材料损耗将达40亿卢布[7]。

日本、北欧、加拿大、澳大利亚都存在氯盐为主的盐害。据瑞士联邦公路局统计，瑞士公路系统约有3000座桥梁，每年用于桥面检测及维护的费用达8000万瑞士法郎，至于修理或更换的费用就更高[7]。

在我国，混凝土结构耐久性的问题也十分严重，据1986年国家统计局和建设部对28个省、市、自治区的323个城市和5000个镇进行普查的结果，目前我国已有城镇房屋建筑面积46.76亿m^2，占全部房屋建筑面积的60%，已有工业厂房约5亿m^2，覆盖的国有固定资产超过5000亿元，这些建筑物中约有23亿m^2需要分期分批进行评估与加固，而其中半数以上急需维修加固之后才能正常使用[8]。1989年，建设部混凝土结构耐久性调查组对北京、杭州等地区的一些建筑物进行了调查，结果表明，建国初期的建筑物均已达到必须大修的状态；现有的大多数工业建筑不能满足50年的使用要求，一般使用25～30年就需大修加固[7]。我国海洋工程、工业建筑、桥梁等多数达不到设计年限，均在几年或十几年内就开始维修。海洋工程混凝土结构即使严格按照现行规范和标准设计施工也难以满足50年的耐久年限，实际耐久年限往往只有30年左右；再加上我国腐蚀环境广泛、复杂，施工和使用管理水平较低，钢筋锈蚀，特别是氯盐污染（如使用海砂、除冰盐、海洋环境等）引起的钢筋锈蚀严重危及着钢筋混凝土结构物的适用性和耐久性，其损失将超乎人们的意料[5]。

其次，混凝土结构耐久性不足对资源需求、生态环境平衡构成极大的威胁。拌制混凝土的主要成分是水泥、石子和砂。文献[9]指出：每生产1 t水泥熟料，将释放出0.95 tCO_2。2003年我国水泥消费8.2亿t，占全世界产量的55%[3]，全世界总水泥产量约为15亿t。15亿t水泥生产将产生14.3亿t的CO_2，同时还将排放约300万t的NOx和大量粉尘。大量CO_2的排放不仅加剧温室效应，它还和SO_2与NOx一起通过形成酸雨危害农作物及其他植被[9]。NOx和粉尘还使环境恶化，影响人类健康。同时，水泥生产和混凝土的拌制都需要大量的天然石灰石、砂以及黏土等材料，这些天然材料的开采也会对地球自然植被造成较严重的破坏。另一方面，混凝土结构耐久性不足还会迫使大量混凝土结构提前拆除，结构的拆除必然造成大量建筑垃圾的堆置，如美国每年大约有6000万t废弃混凝土，日本约为1600万t，中国约为4000万t[9]，这些建筑垃圾的处理所需要的能源及其对环境的影响也是当前社会不可忽视的一个重要问题。

总之，混凝土结构耐久性不足对建筑业的可持续发展形成严峻的挑战，严重威胁着人类的生存和发展。提高混凝土结构的耐久性、延长混凝土结构的使用寿命，将缓解修补、重建以及建筑垃圾处理对资金的巨大需求；最大限度地减少经济损失。同时,提高混凝土的耐久性、减少对水泥及天然砂石的相对需求,还将使资源和能源的利用率得到较大地提高,这将有助于保护生态环境,缓解人类对原本就紧张的资源和能源需求所形成的巨大压力。正如著名混凝土专家 Mehta 教授所指出的,“如果我们能够生产出更耐久的产品,就必定能大量地节省材料。今天建造的混凝土结构物若不是现在的 50 年寿命,而是 250 年寿命,那么混凝土业的资源利用效率就能提高 5 倍”[10]。

1.1.3 钢筋锈蚀是影响混凝土结构耐久性的最关键因素之一

钢筋混凝土的耐久性退化的原因可以分为两大类:一类是由于混凝土材料自身的腐蚀、劣化所引起,按其机理的不同又可以分为碱骨料反应、冻融循环、浸析腐蚀、化学腐蚀,结晶腐蚀等;另一类是由混凝土内的钢筋锈蚀所引起。在 1991 年召开的第二届混凝土耐久性国际学术会议上,Mehta 教授在题为《混凝土耐久性——五十年进展》主题报告中指出:“当今世界,混凝土破坏原因按重要性递降顺序排列为:钢筋锈蚀、寒冷气候下的冻害、侵蚀环境的物理化学作用”。由此可见,钢筋锈蚀是造成的混凝土结构耐久性失效的首要因素,钢筋的锈蚀会导致钢筋混凝土构件承载力下降和延性的降低,从而影响整个结构的安全性和耐久性,严重的锈蚀甚至会导致结构的破坏。这是因为钢筋的锈蚀,生成的锈蚀产物体积膨胀 2 ~ 4 倍且为疏松片状结构,使得一方面钢筋的截面积减小,强度和延性降低,另一方面混凝土保护层被胀裂、脱落,混凝土的有效截面面积减小,同时钢筋与混凝土的粘结性能降低或丧失,从而改变结构的破坏形态,造成重大伤亡事故[11]。

在前节所述由于混凝土耐久性不足所造成的巨大经济损失中,绝大多数也是由于混凝土中钢筋锈蚀原因所造成的。这些事例反映了钢筋锈蚀危害之大和日益加剧的严重事态,是大大超出人们意料的。国外流行一个“五倍定律”,即设计阶段对钢筋防护方面节省 1 美元,就意味着发现钢筋锈蚀时采取措施将追加维修费用 5 美元,混凝土表面顺筋开裂时采取措施将追加维修费用 25 美元,严重破坏时采取措施将追加维修费用 125 美元[9]。

混凝土中钢筋的锈蚀程度和结构耐久寿命的关系,可用图 1—1 所示的曲线近似说明[5]:

(1)钢筋锈蚀预备阶段(也可称为钢筋锈蚀育孕期或前期):这一阶段从浇筑混凝土时到混凝土中性化层达到钢筋表面,或氯化物侵入混凝土,在钢筋表面已使钢筋去钝化,即钢筋开始锈蚀时止,这段时间以 t_0 表示。

(2)钢筋锈蚀发展阶段:这一阶段从钢筋开始锈蚀到混凝土表面而显示破坏现象(如顺筋胀裂、层裂或剥落),这段时间以 t_1 表示。

(3)钢筋锈蚀加速阶段:这一阶段从混凝土表面因钢筋锈蚀肿胀开始破坏发展到混凝土普遍显示严重胀裂、剥落破坏,即已达到不可容忍的程度,必须全面大修时止,这段时间以 t_2 表示。

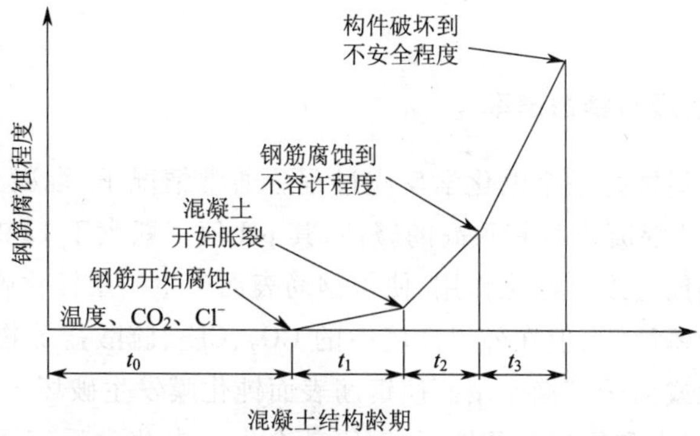

图1—1 钢筋锈蚀程度与混凝土结构耐久寿命关系示意图[5]

(4)结构耐久性失效阶段:这一阶段钢筋锈蚀已扩大到使结构区域性破坏,致使结构不能安全使用,这段时间以 t_3 表示。

混凝土结构的实际寿命是上述四个阶段所经历的时间总和,即 $t_0+t_1+t_2+t_3$,但在进行结构设计寿命确定时一般取 $t_0+t_1+t_2$。在结构寿命的全过程中,钢筋的锈蚀程度是决定各阶段时间长度和结构使用寿命的主要因素。开展混凝土中钢筋锈蚀的研究、揭示混凝土结构耐久性退化的原理与规律,一方面能对已有的钢筋混凝土结构物进行科学的耐久性评估和剩余寿命预测,以选择合理的处理方法;另一方面也可以对新建工程项目进行正确的耐久性设计,以恰当的设计理论和合理的施工措施,确保钢筋混凝土结构在安全、适用、耐久的前提下,实现结构全生命周期内的经济最优化。

总之,无论是在国内还是国外,混凝土中钢筋的锈蚀是严重威胁钢筋混凝土结构耐久性的最主要、最普遍的因素。它所造成的直接或间接的经济损失和环境破坏,远远超出人们在使用混凝土材料初期的预想。目前,我国也正处于基本建设的高峰期,开展混凝土耐久性研究,特别是混凝土中钢筋锈蚀的研究,是建筑业乃至整个社会可持续发展的必然要求,具有重大的现实意义和深远的历史影响。相反,如果我们不吸取教训,不重视混凝土中钢筋锈蚀的研究,不采取防止钢筋锈蚀的必要措施来保证工程项目使用寿命,那么若干年后,势必会像美、英等发达国家一样,不堪工程维修和重建的巨大负担,经济、社会的健康、持续发展就难以为继。

1.2 混凝土中钢筋锈蚀研究的主要科学问题

由于钢筋锈蚀所造成的破坏和损失极为严重,因此目前对基于钢筋锈蚀引起的钢筋混凝土耐久性退化的研究成为耐久性研究领域中的一个重点研究方向。在这一研究方向中,可分为钢筋锈蚀机理和锈蚀速率研究、混凝土保护层锈胀开裂、锈蚀后钢筋力学性能、粘结性能研究以及钢筋锈蚀后构件承载力退化规律研究等几个方面,其中钢筋锈蚀速率研究是至关重要的,它是后面几个研究方向的研究基础,同时也是实际工程中结构的耐久性评估、可靠度计算、剩余寿命预测以及选择对其正确的处理方法的前提。

1.2.1 钢筋锈蚀机理与锈蚀速率

混凝土中钢筋锈蚀是一个电化学反应过程。通常情况下，混凝土孔隙中充满着 $Ca(OH)_2$ 溶液，因此混凝土具有很高的碱性，其 pH 值一般大于 12.5，在这样高的碱性环境中埋置的钢筋会发生钝化作用，使得钢筋表面产生一层钝化膜，钝化膜能够阻止混凝土中钢筋的锈蚀[5]，但在外界环境中的 CO_2、Cl^-、硫酸盐等物质的作用下，混凝土会由于中性化或离子直接作用而使钢筋表面钝化膜发生破坏。一旦钢筋表面的钝化膜被破坏，在有水和氧气的条件下，钢筋就会发生电化学反应而逐渐开始锈蚀。钢筋锈蚀的这一电化学机理已被人们所熟知，这一领域的研究关键问题是钢筋锈蚀开始条件和开始时刻的确定。于是，混凝土碳化过程和碳化速率、Cl^- 渗透速率和钢筋锈蚀的 Cl^- 浓度门槛值研究即成为这一领域的焦点[12]。目前在材料层次上，混凝土碳化机理、碳化影响因素及碳化深度预测模型研究成果较多、认识也逐渐统一，但在 Cl^- 渗透机理、试验方法和渗透速率模型方面还存在一定的分歧，部分内容还有待进一步研究。

钢筋锈蚀速率是和时间相关的参数，它反映了混凝土中钢筋锈蚀的强烈（快慢）程度，表达钢筋锈蚀速率的主要参数有钢筋锈蚀电流密度和单位时间的钢筋锈蚀量、质量（或截面）损失率等指标，这些指标间可以通过法拉第定律等关系进行转换[13,14]。这一领域研究的关键是确定影响钢筋锈蚀速率的主要因素并建立相应的钢筋锈蚀速率预计模型。目前这一领域的研究成果也较多，但由于研究者所考虑的主要因素和试验环境的不同，成果间的统一性较差，模型预测结果有时相差几倍，甚至一个数量级。

1.2.2 混凝土保护层的锈胀开裂

钢筋锈蚀对混凝土结构破坏的根本原因就是钢筋锈蚀产物的体积大于原钢筋的体积而发生体积膨胀。根据钢筋锈蚀产物成分不同，锈蚀产物体积膨胀系数取值也不同，一般多为 2 ~4 倍，最大可到 6 ~7 倍[15]。钢筋锈蚀后的锈蚀产物生成而产生体积膨胀时，钢筋四周的混凝土要限制它的膨胀，这样在钢筋与混凝土交界面上就产生了钢筋锈蚀膨胀力，或简称锈胀力。通过理论和试验分析不难发现，钢筋锈胀力会使保护层的混凝土受拉，直至混凝土保护层锈胀开裂。混凝土保护层一旦开裂，周围环境中的锈蚀性介质及氧气、水等就更容易到达钢筋表面而加剧钢筋的锈蚀，同时钢筋锈蚀又会促进混凝土裂缝的进一步开展，如此恶性循环，则会严重危害结构的正常使用和结构寿命。因此，研究混凝土保护层开裂时的钢筋锈蚀量有着十分重要的意义。

目前，许多学者通过试验分析或理论模拟，得到了不同形式钢筋锈蚀开裂的临界锈蚀量（锈蚀率）经验公式或理论模型。这些确定混凝土胀裂时钢筋锈蚀量及钢筋锈蚀量与裂缝宽度关系的方法大致有三类：

（1）力学分析法，Andrade[16]、Dagher[17]采用分布裂缝模型，编制了锈胀损伤过程的有限元分析程序；文献[18]从锈蚀层构造的细观分析入手，在考虑面向保护层和背向保护层产生不均匀锈蚀的情况下，建立了钢筋锈胀开裂前、后的钢筋锈蚀量分布模型表达式。文献[19]采用设置不等厚温度环加载的方法，模拟一般大气环境条件下钢筋的不均匀锈性，建立了一般大气环境下混凝土锈胀的有限元模型，并给出了一般边和角区胀裂时钢筋锈性量的计算公式。Liu[20]则考虑锈蚀产物向钢筋周围混凝土孔隙的扩散，对胀裂前的损伤过程进行了简单的力学分析。

（2）模拟试验法，Morinaga[21]采用空心圆柱体内部施加油压模拟钢筋均匀锈蚀和外加电流快速锈蚀钢筋两种方法试验研究了钢筋锈蚀量与表面混凝土开裂之间的关系。Allan[22]则通过钢筋穿孔施加油压模拟局部锈蚀，研究了不同锈蚀量引起混凝土胀裂随时间变化的概率分布模型。

（3）试验统计法，文献[23-28]通过外加电流快速锈蚀试验或海洋环境中长期暴露试验，研究了钢筋锈蚀发展与表面混凝土胀裂之间的关系及其影响因素，并给出了混凝土胀裂时的钢筋锈蚀量计算的经验公式。

另外，部分研究证明理论模型预测的初始开裂时间比实际的要早，可能的原因包括：不同的锈蚀产物引起的应力可能不同，而不同种类锈蚀产物的产生取决于孔隙溶液的 pH 值、供氧量及含水量等多种因素。另外，锈蚀率与时间相关，它随锈蚀产物的增加有可能降低，并且理论模型往往没有考虑锈蚀产物向周围混凝土孔隙中的扩散，即便考虑了也很难准确地定量化。还有一些研究以钢筋表面混凝土达到混凝土抗拉强度为保护层胀裂标志，这些都导致计算结果往往偏小，与实际情况之间有差异。所以，单纯的理论模型对于某一具体的结构来说过于笼统，比较而言，经验模型较多地依赖于某些结构的现场数据，通常很难适用于其他结构。

1.2.3 锈蚀后钢筋的力学性能及粘结性能

对于钢筋锈蚀后的力学性能，近年来国内、外学者做过不少的工作。研究表明，钢筋严重锈蚀后，应力应变曲线会发生很大变化，没有明显的屈服点，屈服强度与极限强度非常接近，极限伸长率也有明显下降，而且其疲劳强度下降幅度也很大，混凝土中钢筋因锈蚀引起的力学性能下降以延伸率最为敏感[29,30]。文献[31]通过锈蚀钢筋的力学性能试验，得到钢筋试件的荷载变形曲线，结果表明，随着锈损量的增大，曲线的屈服平台逐步减少；锈损越严重，颈缩越不明显。锈损钢筋的塑性随着锈损量的增大而变差，其原因是塑性变形主要集中在截面锈损最大、发生断裂的部位，同一试件上锈损最大处已经屈服，而锈蚀小处的应变还很小。

锈蚀钢筋与混凝土粘结性能近些年的研究也越来越多，并在以下方面得到了较为统一的认识：钢筋锈蚀后，钢筋与混凝土的粘结力主要由摩擦和机械咬合作用提供，混凝土尚未开裂时钢筋与混凝土的粘结强度高于无锈钢筋的粘结强度；混凝土保护层产生锈胀裂缝后，粘结强度随裂缝宽度的增加逐渐减小，随着粘结强度的减小，裂缝宽度又会进一步增加，进而影响结构或构件的耐久性[32-36]。锈蚀钢筋混凝土粘结力下降的主要原因是：当钢筋锈蚀到一定程度后，将在钢筋与混凝土之间形成一个锈蚀产物过量剩余层，锈蚀层呈疏松状，钢筋和混凝土之间的摩擦系数降低；锈蚀产物分布在钢筋周围，保护层一侧更为严重，体积膨胀为原来的 2 ~4 倍，由于锈蚀产物体积膨胀而钢筋周围的混凝土保护层环向受拉，当产生的拉应力超过混凝土极限拉应力时，保护层混凝土产生沿筋的纵向裂缝。因此，钢筋与混凝土的化学胶着力受到部分损失，保护层开裂甚至剥落，降低外围混凝土对钢筋的约束，因而机械摩擦力减小，而且锈蚀时变形钢筋的肋总是锈蚀的尤为严重，从而降低了钢筋与混凝土之间的机械咬合力，而机械咬合力是变形钢筋与混凝土之间的主要粘结力，最终导致钢筋混凝土粘结力下降[37-40]。

1.2.4 锈蚀钢筋混凝土构件承载性能的退化

钢筋混凝土结构是由多种构件构成的结构体系，因此在钢筋锈蚀后，随着构件性能的劣化，最终会影响整个结构的安全。目前，对整个结构进行实验室试验研究还不太现实，因此这一研究领域中主要研究对象是钢筋锈蚀后的梁、柱及其节点承载性能退化规律。

近年来，国内、外学者对锈后钢筋混凝土构件承载力退化规律进行的研究，可以分为有限元分析和试验研究两大类[41-49]。锈蚀钢筋混凝土梁承载力试验结果表明，钢筋锈蚀主要从两个方面影响梁的承载力：一是混凝土截面损伤和钢筋截面损失与力学性能退化，二是锈蚀引起钢筋与混凝土之间粘结性能退化，导致钢筋与混凝土不能很好地协同工作[50]。文献[41]还对钢筋平均锈蚀率为 0% ，2% ，5% ，8% ，10% ，11% ，12% 的 7 种情况，按试验梁的尺寸与配筋进行了有限元分析计算，从锈蚀钢筋混凝土梁的荷载（P）—挠度（f）曲线的变化规律可以得到与试验结果相同的结论，即随着锈蚀率的增大，结构的承载力和延性均发生了退化。在锈蚀率小于 8% 时，结构具有较为明显的屈服段；当锈蚀率大于 10% 时，屈服段退化明显，同时，结构刚度开始发生明显的下降；当锈蚀率大于 12% 时，刚度、承载力急剧下降，结构产生脆性破坏。文献[42，47]认为，当锈蚀率小于 10% 时，锈后钢筋混凝土受弯构件截面的平均应变分布仍基本符合平截面假定，因此，锈后双筋矩形截面正截面抗弯承载力计算模型仍符合未锈蚀构件正截面承载力计算的基本假定。计算时，需考虑钢筋截面减小、钢筋屈服强度降低，以及钢筋与混凝土间的粘结性能退化引起钢筋混凝土协同工作能力降低对承载力的影响。当钢筋锈蚀率大于 10% ，但混凝土保护层没有脱落时，由于构件混凝土材料强度、截面尺寸、配筋以及锚固构造措施的不同，受弯构件可能发生超筋破坏、少筋破坏，甚至发生粘结破坏和剪切破坏。当受拉钢筋锈蚀量增大到一定程度时，构件会由适筋梁变为少筋梁。不管是适筋梁破坏还是少筋梁破坏，结构的破坏形态都是从有预兆的塑性破坏变为无预兆的脆性破坏[42]。由于锈胀开裂后粘结性能严重退化，锈后钢筋混凝土受弯构件还易发生粘结破坏[37,51]，其承载力主要取决于锈后钢筋混凝土之间的粘结强度。

由于混凝土构件中箍筋位于纵筋外侧，箍筋往往比纵筋先发生锈蚀，且其锈蚀程度也比纵筋严重，特别是在箍筋与纵筋交接处。箍筋的锈蚀不仅直接影响钢筋混凝土构件的抗剪性能，而且由于锈蚀箍筋不能有效地约束混凝土，也会对构件的承载力有直接的影响。目前，对锈后钢筋混凝土构件斜截面抗剪承载力的研究不多，有待于作进一步的研究。

对于不同的受力构件，钢筋锈蚀引起的结构性能退化规律是不同的。对于处于受压状态的钢筋混凝土柱，其结构性能退化必然是随钢筋锈蚀而变化的动态过程。研究表明，随钢筋截面损失率的不同，锈蚀钢筋混凝土偏心受压构件的承载力和延性均有降低[52,53]。

为了解地震作用下锈蚀钢筋混凝土结构的性能，文献[54,55]对钢筋混凝土偏心受压构件进行了低周反复荷载试验，得到了试件钢筋不同锈蚀程度时的水平荷载(P)—位移(Δ)滞回曲线，分析了钢筋锈蚀率对试件承载力、刚度、延性、耗能能力等的影响。结果表明，试件开裂后的滞回曲线形状基本上呈梭形，同时由于钢筋锈蚀程度的不均匀性，滞回曲线呈明显的不对称性。而且钢筋锈蚀在一定程度上可以改变混凝土试件的破坏形态，当钢筋锈蚀严重时，承载力、刚度、延性、耗能能力大幅度降低，使得试件达到极限荷载后呈现明显的脆性性质。在试件中，箍筋的锈蚀程度比纵筋严重，从而导致试件的抗剪能力降低，对混凝土的约束减弱，试件延性有较大降低，这与许多实际工程结构的检测结果相似。

西安建筑科技大学课题组[56,57]先后进行了两批锈蚀钢筋混凝土压弯构件抗震性能的试验，研究了不同轴压比、不同锈蚀方式等因素下钢筋的锈蚀对压弯构件抗震性能的影响，发现钢筋锈蚀和轴压比是影响钢筋混凝土构件抗震性能的两个主要因素，并根据实验结果，提出由于粘结力下降引起的刚度退化系数的计算模式。

综上所述，由于混凝土构件内的钢筋锈蚀，使梁、柱的基本性能发生了较为明显的变化，如构件的强度降低、延性性能退化及破坏形态发生变化。随锈蚀量增加，混凝土开裂导致构件有效截面减小，钢筋力学性能下降，钢筋与混凝土间的粘结力退化，最终使构件的强度降低、延性性能退化；梁的垂直裂缝间距变大，接近支座处斜裂缝逐渐与沿受拉主筋方向的纵向裂缝连接，其破坏形态由适筋延性破坏转为钢筋粘结撕裂的脆性破坏。但是，对于锈蚀钢筋混凝土结构性能退化还没有建立起统一的数学模型，不利于对建筑物的可靠性评价，因此，应基于锈蚀速度模型的研究成果，建立不同锈蚀率下钢筋混凝土结构性能退化预测模型。

1.3 本书主要内容与体系

钢筋锈蚀是影响钢筋混凝土结构正常使用和耐久性的主要因素之一，且造成的危害巨大。混凝土中钢筋的锈蚀机理、锈蚀速率的预计以及人工气候环境下钢筋锈蚀与自然气候环境下钢筋锈蚀的相关性已成为目前混凝土结构耐久性研究的热点。本书从混凝土内钢筋锈蚀的电化学基本原理出发，对作者及课题组成员在钢筋锈蚀电化学基本模型、顺筋裂缝区钢筋锈蚀速率、横向裂缝区钢筋锈蚀速率、混凝土构件配筋特征对钢筋锈蚀速率的影响、自然气候环境下钢筋锈蚀速率预计模型以及混凝土构件性能退化速率等问题的最新研究成果进行较全面的总结和概括，为今后锈蚀钢筋混凝土结构的寿命预测和评估以及混凝土结构耐久性设计提供必要的科学依据。

本书主要章节关系如下：第 1 章绪论主要介绍钢筋锈蚀研究的重要意义及这一领域研究的主要方向；第 2 章主要介绍金属腐蚀的电化学基本知识和混凝土中钢筋锈蚀的机理；第 3 章主要介绍在混凝土保护层出现裂缝前、不考虑构件内部配筋等因素的情况下，混凝土中钢筋锈蚀速率的基本模型；第 4 章是考虑钢筋锈蚀一段时间混凝土保护层出现顺筋裂缝后，混凝土中钢筋锈蚀速率的变化情况，并建立相应的锈蚀速率模型；第 5 章介绍在荷载等因素的作用下，混凝土构件中存在垂直于钢筋的横向裂缝钢筋锈蚀速率变化情况及相应的预计模型；第 6 章首先总结了在实际工程中混凝土构件截面配筋的常用形式，通过理论分析建立了考虑构件内部未活化的钢筋影响的外部钢筋锈蚀速率模型，同时分析了箍筋锈蚀的机理及其对纵筋锈蚀速率的影响；第 7 章综合考虑前面几章所述的影响因素、总结上述研究成果，建立混凝土构件中钢筋锈蚀速率综合预计模型，并将钢筋锈蚀速率—锈蚀量—结构性能退化联系起来，建立锈蚀钢筋混凝土构件性能退化速率模型；第 8 章基于目前混凝土结构极限概率设计的基本理论，提出锈蚀钢筋混凝土构件耐久性极限状态及耐久性设计基本思想。

第2章 混凝土中钢筋锈蚀的电化学基本原理

通常情况下，混凝土孔隙液中充满着饱和的 $Ca(OH)_2$ 溶液，因此混凝土具有很高的碱性，其 pH 值一般大于 12.5，在这样高的碱性环境中埋置的钢筋容易发生钝化作用，使得钢筋表面产生一层钝化膜，钝化膜能够阻止混凝土中钢筋的锈蚀。但在外界环境中的 CO_2、Cl^-、硫酸盐等物质的作用下，混凝土会由于中性化或离子直接作用而使钢筋表面钝化膜发生破坏。一旦钢筋表面的钝化膜被破坏，在有水和氧气的条件下，钢筋就会发生电化学反应，而逐渐开始锈蚀。因此，为了便于读者对钢筋锈蚀原理的理解与阅读，本章针对混凝土中钢筋锈蚀的特点，对钢筋锈蚀的电化学基本原理作必要的介绍和讨论。

2.1 金属腐蚀的电化学基本知识

2.1.1 自然环境中金属的热力学不稳定性

自然界中的物质都有自发从能量高的状态向能量低的状态转变的趋势，并且这一趋势都是有方向性的。例如，热总是从高温物体自动传向低温物体，直到两物体的温度一致；水总是从高处向低处流动，直到水位相等；电流总是从高电位处自动流向低电位处，直到电位差为零；溶液中的溶质总是从高浓度处自动向低浓度处扩散，直到浓差为零。对于化学反应，同样也存在着自发进行的方向和限度的问题。例如，锌浸泡在稀的硫酸铜溶液中，将自动发生取代反应，生成铜和硫酸锌溶液，其逆反应不能自发进行，除非用外加电流电解的方法从外界对它做功。由此可见，不管是自发的物理过程还是化学过程，都是不可逆过程，都有一定的方向和限度，自发过程的推动力是始末状态的能量差，比如温度差、水位差、浓度差、电位差、化学位差等。自发过程的方向就是使这些差值减小的方向，自然过程的限度就是这种差值的消失。

自然环境中金属的腐蚀也是一种自发的过程，这一过程中金属与环境介质相互作用而形成金属氧化物、硫化物或盐。金属材料的腐蚀是冶炼的逆过程，冶炼是依靠外界提供的能量将金属从各种氧化物、硫化物等矿石中提炼出来形成金属和合金的过程。从热力学的角度来说，除个别贵金属如金(Au)、铂(Pt)外，在自然环境和许多腐蚀介质中，绝大多数金属都具有热力学不稳定性，即在一定条件下，它们都将发生由原子状态向离子状态的转变过程，也就是发生腐蚀过程，因此，腐蚀过程是热力学自发过程。

2.1.2 金属腐蚀电池

当金属锌和铜按图 2—1 所示的连接方式放入稀硫酸溶液中时，在锌和铜的表面会发生电极反应,锌表面锌原子失去电子发生氧化反应,铜表面氢离子得到电子发生还原反应释放出氢气,电子经过导线由锌流向铜,而电流方向则是由铜流向锌。这时锌和铜就组成了产生可利用电流的原电池。如果把导线去掉,而把锌和铜直接接触在一起,铜和锌的电化学反应仍可以进行,但此时它们之间的电流不能够被收集利用,而转化为热能消耗在溶液中,此类内部短路的原电池被称为腐蚀原电池或腐蚀电池,它的特点是只能导致金属材料的逐渐消耗而不能对外做有用的电功。

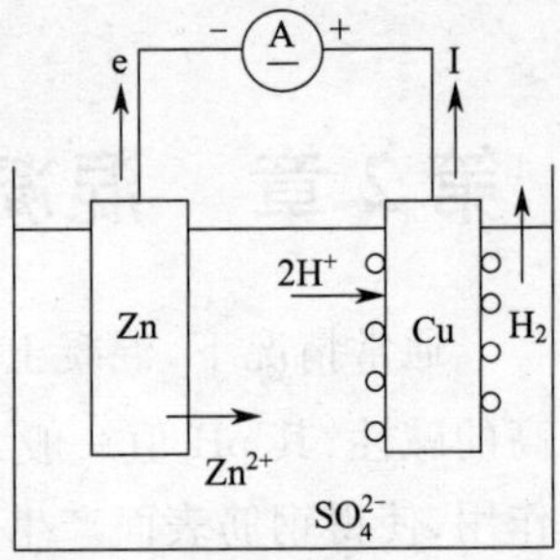

图 2—1　锌和铜在稀硫酸溶液中的电化学反应示意图

实际使用环境中,金属的腐蚀并不需要两种不同的金属接触在一起,单独一种金属也会发生腐蚀。在金属的制造过程中,由于不可避免地混入一些杂质,或由于金属表面加工程度、金相组织或受力情况的差异以及晶界、位错缺陷的存在,甚至金属原子的不同能量状态,都可以使金属不同部位间存在着一定的物理和化学性质的差异,这种差异统称为电化学不均匀性。当金属接触到必要的电解质溶液时,金属表面物理和化学性质有差异部位之间就可以形成腐蚀电池,使金属不断地被腐蚀消耗[58]。

综上所述,腐蚀电池的工作原理与一般原电池并无本质的区别,但腐蚀电池又有自己的特征,即一般情况下它是一种内部短路了的原电池,虽然当它工作时也产生电流,但其电能不能被利用,而是以热的形式散失。

在腐蚀电池体系中,习惯将发生氧化反应的电极(或正电荷离开其表面进入溶液的电极)称为阳极、发生还原反应的电极(或正电荷从溶液进入其表面的电极)称为阴极。腐蚀体系中阳极总是失去电子、物质离子化而逐渐腐蚀消耗;阴极处物质一般不消耗。一个腐蚀电池必须包括阳极、阴极、腐蚀溶液和闭合电路四个部分,缺一不可。由这四个组成部分构成腐蚀电池工作的三个必需环节如下:

(1)阳极过程:金属进行阳极溶解,以金属离子或水化离子形式进入溶液,同时将等量电子留在金属上。

(2)阴极过程:从阳极通过闭合电路流过来的电子被来自腐蚀溶液且吸附于电极表面能够接受电子的物质,即氧化性物质所吸收。

(3)电流的流动:电流的流动在金属中是依靠电子从阳极经导体流向阴极,在腐蚀镕液中则是依靠离子的迁移。

腐蚀电池的三个环节既相互独立又彼此紧密联系和相互依存,只要其中一个环节受阻而停止工作,则整个腐蚀过程也就随之停止。

2.1.3　腐蚀电池的类型和腐蚀形态

金属材料或金属构件在腐蚀介质中,只要存在电化学不均匀性,就将存在发生腐蚀的自发倾向,就能够构成腐蚀电池。根据构成腐蚀电池的电极尺寸大小、相对位置，并考虑促使形成腐蚀电池的主要影响因素及金属腐蚀的表现形式，可将腐蚀电池分为两大类：宏观腐蚀电池和微观腐蚀电池。

2.1.3.1 宏观腐蚀电池

通常是指肉眼可见的电极所构成的腐蚀电池。宏观腐蚀电池中的阴、阳极区位置在时间上可保持较长时间的稳定，并且当阳极区面积较小时，往往导致明显、强烈的局部腐蚀。这种腐蚀电池一般会引起金属或金属构件的局部宏观侵蚀破坏。宏观腐蚀电池有以下几种构成方式：

(1)异种金属接触电池：当两种不同的金属或合金相互接触（或用导线连接起来）并处于某种腐蚀溶液中，即可构成宏观腐蚀电池。此时，电极电位较负的金属（阳极）将不断遭受腐蚀而溶解，而电极电位较正的金属（阴极）却得到了保护。这种腐蚀一般称为接触腐蚀或电偶腐蚀。两种金属的电极电位相差愈大，这种腐蚀后果也愈严重。另外，腐蚀电池中阴、阳极的面积比和电解质的电导率等因素也对这种腐蚀有一定的影响。

(2)浓差电池：是由于同一种金属的不同部位所接触的腐蚀介质的浓度不同所形成的，最常见的浓差电池有金属离子浓差电池和差异充气电池（氧浓差电池）两种。

金属材料的电位与介质中金属离子的浓度有关。当金属与含不同浓度的该金属离子的溶液接触时，浓度低处，金属的电位较负，浓度高处，金属的电位较正，从而形成金属离子浓差腐蚀电池。此时，浓度低处的金属作为阳极而受到腐蚀。当浓度差消失，由浓差引起的腐蚀就会停止。

工程实际中最常见的浓差腐蚀电池是差异充气电池（氧浓差电池）。它不仅普遍存在而且危害极大。氧浓差电池是由于金属与含氧量不同的腐蚀介质接触形成的腐蚀电池。例如，在水线腐蚀、缝隙腐蚀、沉积物腐蚀、盐滴腐蚀和丝状腐蚀等情况下，在一些氧不易到达的地方，氧含量低，此处金属的电位低于高含氧处金属的电位，作为阳极而遭受腐蚀。对于埋置于地下的钢管，当管道穿越黏土又穿越砂土时，由于黏土中含氧量低、砂土处含氧量高，黏土处管道作为阳极而被腐蚀，这是形成埋地管道宏观腐蚀电池的主要原因之一。

(3)温差电池：浸入腐蚀介质中金属各部分，常由于所处环境温度不同，形成温差腐蚀电池。如碳钢制造的热交换器，由于高温部位碳钢电位低，使得高温部位比低温部位腐蚀严重。而铝在某些溶液中电极行为与碳钢相反，低温部位会受到较严重的腐蚀。

(4)电解电池：在电解工业中，金属作为电解池阳极而受到腐蚀，而电气机车、地铁、电解工业中的直流电源漏电也会引起金属腐蚀，这种腐蚀叫做杂散电流腐蚀。

(5)摩擦电池：摩擦、磨损过程发生在腐蚀介质中时，由于摩擦使金属被摩擦表面的表面膜破损而裸露出基体，该处的电位将远低于未摩擦表面的电位，从而形成电位差、构成摩擦电池。由于摩擦电池的存在，促进了摩擦面材料的流失，加剧了力学损伤。例如,含固体颗粒(如砂)的腐蚀介质对管道、泵、阀的冲刷过程,由于固体颗粒对金属材料表面的剪切力和正应力的作用。也将诱发形成摩擦电池。而在管道弯头、缩口等高度湍流区,固体颗粒对金属材料表面剪切力作用加大,也会使得高湍流区与低湍流区或非湍流区形成摩擦电池。

2.1.3.2 微观腐蚀电池

由于金属材料表面的电化学不均匀性,使金属材料表面存在许多微小的、电位高低不等的区域,从而构成各种各样的微观腐蚀电池,如图 2—2 所示。

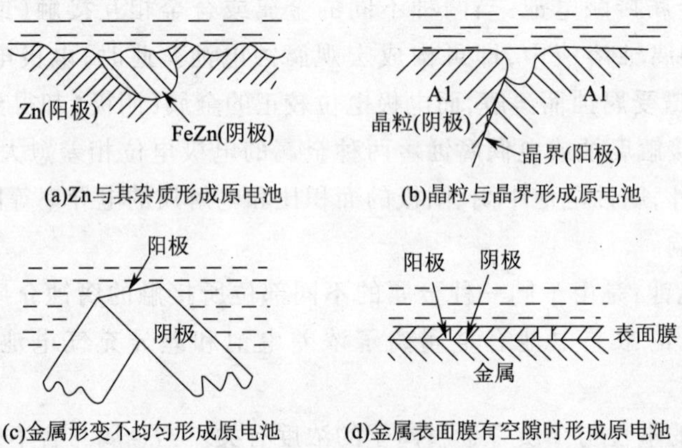

图 2—2 金属组织、表面状态等不均匀所导致的微观腐蚀原电池[13,14]

(1)金属表面化学成分不均匀性引起的微观电池:工业金属常含有各种杂质,在腐蚀介质中,表面上的杂质将以微电极的形式与基体金属构成许多短路的腐蚀微电池,如图 2—2(a)所示。若杂质作为阴极相存在,它将加速基体金属的腐蚀,例如碳钢中的渗碳体 Fe_3C、铸铁中的石墨等;在腐蚀介质中,它们作为阴极相起到加速基体金属腐蚀的作用。

(2)金属组织不均匀性构成的微观电池:传统的金属材料大多是晶态,存在着晶界和位错、空位、点阵畸变等晶体缺陷。晶界处由于晶体缺陷密度大,电位较晶粒内部要低,因此构成晶粒—晶界腐蚀微电池,晶界作为腐蚀微电池的阳极而优先发生腐蚀,如图 2—2(b)所示。此外,金属材料凝固时产生的偏析所引起组织上的不均匀性,也将会形成腐蚀微电池。

(3)金属物理状态的不均匀性构成的微观电池:金属材料在机械加工、构件装配过程中,由于各部分受不同应力作用而引起应力分布不均匀或形变不均匀,都将产生腐蚀微电池。变形大或受力较大的部位将成为阳极而腐蚀,如图 2—2(c)所示。

(4)金属表面膜不完整构成的微观电池:无论是金属表面形成的钝化膜,还是镀覆的阴极性金属镀层,由于孔隙存在或发生破损,使得该处裸露的金属基体的电位较负,构成腐蚀微观电池,孔隙或破损处作为阳极而受到腐蚀,如图 2—2(d)所示。不锈钢在含 Cl^- 介质中,由于 Cl^- 具有极强的穿透能力,使不锈钢表面钝化膜极易遭到局部破坏，从而诱发点蚀。碳钢上镀覆 Ni—P 合金化学镀层，由于 Ni—P 合金是阴极性镀层，一旦镀层中存在针孔或发生破损，在腐蚀介质中就会发生强烈的局部腐蚀。这种“活化—钝化”腐蚀微电池诱发的局部腐蚀具有很高的纵深发展速度，其中一个重要原因在于阳极面积小，形成了大阴极、小阳极的非常不利的几何条件。

上述各种腐蚀电池的共同特点在于：或是由于环境条件的差异，或是由于金属材料本身不同部位的物理、化学性质和状态的差异，使得与腐蚀介质相接触的金属材料中部分表面的电位与其余表面的电位形成不均一性，构成了电位差。表面电位差的存在是金属发生腐蚀的驱动力。但是，金属材料发生腐蚀（阳极溶解）反应必须与某种物质的还原反应组成共轭反应体系。因此，腐蚀介质中存在着可在金属表面发生还原反应的物质也是金属材料发生电化学腐蚀的必要条件。

上述关于腐蚀电池的分类，主要是根据构成腐蚀电他的电极尺寸的大小。在考虑腐蚀作用对金属表面形态作用效果时，一般又根据腐蚀发生时阴、阳极位置随时间的稳定性不同，将金属腐蚀形态分为两大类，即全面腐蚀（均匀腐蚀）和局部腐蚀。全面腐蚀（均匀腐蚀）发生时，阴极区和阳极区的面积非常小，一般用普通微观检测方法也难以辨识，并且微阴极区和微阳极区的位置变幻不定，呈无规则统计地分布在整个金属表面上，且随时间不断变化，结果导致金属发生均匀减少，这就是全面腐蚀或均匀腐蚀。此时，腐蚀均匀分于整个金属材料表面，并且表面上各处具有相同的腐蚀速度。均匀腐蚀往往造成金属材料的较大流失，但由于在工程设计时都已考虑了足够的腐蚀富余量。因此，均匀腐蚀不会造成明显的灾难性事故。

在局部腐蚀情况下，腐蚀电池阴阳极的区域（特别是金属材料表面发生溶解的阳极区）相对固定，这样发生腐蚀破坏的区域就相对固定，特别是在阳极区面积比阴极区面积小很多时，会构成大阴极/小阳极格局。尽管在这种条件下，金属材料的总的腐蚀失质量并不大，但由于腐蚀集中在一个或数个面积较小的部位，因而腐蚀向纵深发展的趋势和速度很大，极易导致金属材料穿孔、破裂和失效。例如点腐蚀能使容器（尤其是压力容器）穿孔而报废，甚至酿成停工停产、人员伤亡的重大恶性事故。对于局部腐蚀，由于金属材料表面不同部位的腐蚀速度差异极大，不能像均匀腐蚀那样采用腐蚀失重法来评定其腐蚀速度，否则会掩盖局部腐蚀的危害性。根据腐蚀电池的形成因素、腐蚀过程发生的形式和位置、金属材料所受应力作用的方式等，局部腐蚀又可分为点腐蚀、缝隙腐蚀、电偶腐蚀、晶间腐蚀、选择性腐蚀、应力腐蚀断裂、疲劳腐蚀、氢致开裂、磨损腐蚀等。

2.1.4 双电层现象与电极电位

2.1.4.1 金属在溶液中的双电层现象

金属和电解质溶液接触时，金属表面和溶解间会产生双电层现象，根据产生机理不同，双电层又分为以下三种类型：

（1）当金属与电解质溶液接触后，金属表面上的正离子由于极性水分子的作用将发生水化。如果水化的力量能克服金属晶格中金属正离子与电子之间的引力，则金属表面的一些金属正离子就会脱离金属，进入溶液而成为水化离子。由于金属正离子进入溶液，金属表面就会积累过剩的电子，使金属表面带负电。与此同时，已被水化了的金属离子由于静电吸附或热运动等作用，也有解脱水化而重新沉积到金属晶格中的趋势。当金属离子的溶解与溶液中的离子沉积到金属上这两种过程达到动态平衡时，就形成了金属表面带负电、紧靠金属表面的液层带正电的双电层，如图2—3(a)所示。很多负电性的金属，如锌、镁、铁等在酸、碱及盐类溶液中形成这种类型的双电层。

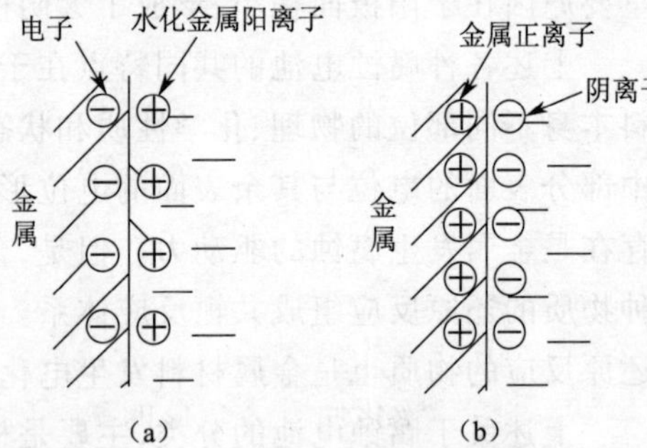

图 2—3　金属在溶液中形成的双电层

(2)当金属与电解质溶液接触后，如果水化的力量不能克服金属晶格中金属正离子和电子之间的引力，相反，溶液中的一部分已水化了的金属离子将解脱水化作用向金属表面沉积，使金属表面带正电。与此同时，由于水化等作用，已沉积到金属表面上的金属离子亦可重新脱离金属表面返回到溶液中去。当上述两种过程达到动态平衡时，就形成了金属表面带正电，紧靠金属表面的液层带负电的双电层，如图2—3(b)所示。很多正电性的金属在含有正电性金属离子的溶液中常会形成这种双电层，如铜在铜盐溶液中、汞在汞盐溶液中，铂在金、银或铂盐溶液中。

(3)某些正电性金属(如铂)或导电的非金屑(如石墨)在电解质溶液中不能被水化而进入溶液，若溶液中也没有金属离子沉积上去，这时将出现又一种类型的双电层，双电层符号与图2—3(b)中的一样。这时，正电性的金属铂上能吸附一层氧分子，氧化性的氧分子在铂上夺取电子并和水作用生成氢氧离子。其电化学反应为 $O_2+2H_2O+4e \rightleftharpoons 4OH^-$。这种电极称为氧电极，类似的还有氢电极，两者也常统称为气体电极。气体电极的特点是作为电极的固体金属或非金属材料本身并不参与电极反应，只起导电作用。

2.1.4.2　电极电位

所谓电极，一般有两种不同的含义：第一种含义一般是指电子导体(金属)和离子导体(电解质溶液或熔融盐)组成的体系。常以金属/溶液表示，例如 $Cu/CuSO_4$，称为铜电极；第二种含义仅指电子导体而言，如常说的铂电极、石墨电极等就是这种含义。金属腐蚀学中电极的含义一般是指电极的第一种含义[13,14]。

由前所述可知，金属浸在电解质溶液中会在金属与溶液间形成双电层现象，双电层使金属与溶液之间产生电位差。这种电位差称为该金属/溶液体系的绝对电极电位。绝对电极电位目前尚无法测得。为了实际的需要，根据国际通用做法，一般采用相对电极电位，此时采用某温度(20℃)下的标准氢电极为参考电极，并将其绝对电位视为零，由此而测得的各种金属的电极电位称为氢标电位(SHE)。在生产和科学研究中，为了方便，有时还常选用甘汞电极、银—氯化银电极、铜—硫酸铜电极等作为参考电极。

当电极上发生的电极反应处于热力学平衡状态时，电极所具有的电位称为电极的平衡电极电位。例如，金属失掉电子进入溶液的阳极过程和溶液中的水化金属离子自金属获得电子的阴极过程速度相等，且这两个过程都是可逆的，则产生一个平衡电极电位，一般以 E_e 表示。

2.1.5 电极的极化现象

金属一旦发生腐蚀，在金属和溶液的接触面上就有电荷的交换，即会产生电流；电流会使金属与溶液间的热力学平衡状态被打破，电极的电位也将发生改变，偏离原来的平衡电极电位。这种电极电位偏离平衡电位 E_e 的现象，称为电极的极化现象，简称为极化。极化使电极电位的偏离值称为极化值，腐蚀电化学中将其称为过电位，用"η"表示。过电位总是取正值，它表示电极极化的程度。

阳极极化 $$\eta_a = E_a - E_{e,a} \qquad (2—1a)$$

阴极极化 $$\eta_c = E_{e,c} - E_c \qquad (2—1b)$$

当电流通过电极时，电极上不仅发生极化作用，使电极电位发生偏离，与此同时，电极上也存在与极化作用相对应的过程，即力图消除这种偏离的过程。以阴极为例，如氢离子或金属离子在阴极上还原，就是从阴极上夺取电子，使电极电位不负移。这种与电极极化作用相对立的作用，称为去极化作用。电极过程就是这样一种极化与去极化对应统一的过程。在实际中，如果没有去极化作用，那么从外电源流入阴极的电子就只能在阴极上积累，使电极电位不断负移，这样的电极称为理想电极。一般情况下，由于电子的运动速度大于电极的反应速度，因此极化作用往往大于去极化作用，致使电极电位偏离，出现极化现象。与理想极化电极对应的是理想不极化电极，这种电极的极化作用和去极化作用相等，这种电极的电位很稳定，当有小电流通过时，其电位一般不发生变化。这种电极常用来作为电极电位测量时的参考电极。

在腐蚀体系的阴、阳极上都有可能产极化，分别称为阴极极化和阳极极化。产生阴极极化和阳极极化的原因不尽相同，具体来看，产生阳极极化有下述几种情况：

(1)阳极过程是金属离子从基体转移到溶液中，并形成水化离子的过程：

$$M + nH_2O \rightarrow M^{2+} \cdot nH_2O + 2e^- \qquad (2—2)$$

由式(2—2)可见，只有阳极附近所形成的金属离子不断离开的情况下，该过程才能顺利进行。如果金属离子进入溶液的速度小于电子由阳极进入阴极的速度，则阳极上就会有过剩的正电荷积累，因此引起电极双电层上的负电荷减少，于是阳极电位就向正的方向移动，产生阳极极化。

(2)金属溶解时，在阳极过程中产生的金属离子首先进入阳极表面附近的溶液中，如果进入溶液中的金属离子向外扩散得很慢，结果就会使得阳极附近的金属离子浓度逐渐增加，阻碍金属继续溶解(腐蚀)，必然使阳极电位往正的方向移动而产生阳极极化，由此引起的阳极极化也称阳极浓差极化。

(3)由于在金属表面形成了保护膜,阳极过程受到了阻碍,使得金属的溶解速度显著降低,此时阳极电位剧烈地向正的方向移动。因为金属表面膜的产生使电池体系的电阻也随着增加,由此引起的极化又称为电阻极化。

由上述可见,产生阳极极化对于防止金属腐蚀是有利的,反之,如果去除阳极极化,就会促使阳极过程(腐蚀)加速进行。消除阳极极化的过程,称为阳极去极化。例如,搅拌溶液使阳极产物形成沉淀可以加速阳极去极化过程。阳极极化会减缓金属腐蚀,而阳极去极化能加速金属腐蚀。阳极极化程度的大小,直接影响阳极过程进行的速度。

对于阴极极化,则有:

(1)阴极过程是得电子的过程,若由阳极来的电子过多,由于某种原因,阴极放电的反应速度进行得很慢,使阴极上积累剩余电子。电子密度的增高,使阴极电位越来越负,于是产生阴极极化。

(2)阴极附近反应物或反应生成物扩散较慢也会引起阴极极化。例如,氧或氢离子到达阴极的速度跟不上反应速度的需要,就会造成氧或氢离子反应物补充不上去,从而引起极化。又例如,作为阴极反应产物的氢氧根离子离开阴极的速度比较慢,也会直接影响或妨碍阴极过程的进行,使阴极电位向更负的方向移动。

消除阴极极化的作用叫做阴极去极化,与阳极去极化一样,阴极去极化同样可以加速腐蚀过程。最常见且最重要的阴极去极化过程有:氢离子放电释放出 H_2 和氧原子或氧分子还原。前者一般负电性金属在酸性溶液中腐蚀时都会发生,此时氢离于接受电子消除了阴极极化;而后者是很多金属在大气、土壤及中性电解质溶液中被腐蚀时产生,此时氧为去极化剂。阴极去极化同样可以促使阳极过程顺利地进行,从而可使金属不断地被溶解(腐蚀)。

2.1.6 腐蚀电位和极化曲线

电流通过电极时,使电极电位发生偏离,通过电流愈大,电极电位偏离的程度也愈大,为了准确地描述和了解电极电位随通过的电流强度或电流密度的变化而变化的情况,人们经常利用“电位—电流”图或“电位—电流密度”图表示。这种表示电极电位与极化电流或极化电流密度之间关系的曲线称为极化曲线。若极化曲线较陡,则表明电极的极化率较大、电极反应过程的阻力也较大;反之,极化曲线若较平坦,则表明电极的极化率较小,电极反应过程的阻力也较小,反应就较容易进行。

在上述关于电极极化的介绍中,一直是把腐蚀电池的两个电极分别看作单一电极体系,即在一个电极表面只进行一个电极反应。从理论上来讲,一个单一金属电极(或称孤立的金属电极)是不会发生腐蚀的,因为腐蚀过程的进行必须有一个共轭的还原反应存在。瓦格纳等人建立的混合电位理论对于此类电化学腐蚀现象提出了较完善的解释。

混合电位理论认为:

(1)任何电化学反应都能分成两个或更多个的局部氧化反应和局部还原反应;

(2)在电化学反应过程中不可能有净电荷积累。

混合电位理论的上述假说,指明了电化学反应是由两个或多个氧化、还原分反应组成,并且其氧化总速度与还原总速度相等,即阳极反应的电流密度与阴极反应的电流密度相等。因此,当一种金属发生腐蚀时,金属表面至少同时发生两个不同的、共轭的电极反应,一个是金属腐蚀的阳极反应,另一个是腐蚀介质中的去极化剂在金属表面进行的还原反应。由于两个电极反应的平衡电位不同,它们将彼此相互极化,低电位的阳极向正方向极化,高电位的阴极向负方向极化,最终达到一个共同的混合电位,此电位称为"腐蚀电位"或"自腐蚀电位"。

为进一步说明腐蚀电位,我们可以用简化的腐蚀电池极化曲线来说明,如图2—4所示。图中 $E_{e,c}$ 和 $E_{e,a}$ 分别代表开路状态时阴、阳极的平衡电极电位。当腐蚀发生时,阴、阳极均发生极化,若完全忽略腐蚀电池的回路电阻,两电极的极化曲线相交于 S 点。S 点所对应的电位就是腐蚀电池的混合电位,即腐蚀电位,一般用 E_{corr} 表示。在腐蚀电位下,金属腐蚀过程会不断地进行,腐蚀电位相对应的电流称为腐蚀电流,一般用 I_{corr} 表示。

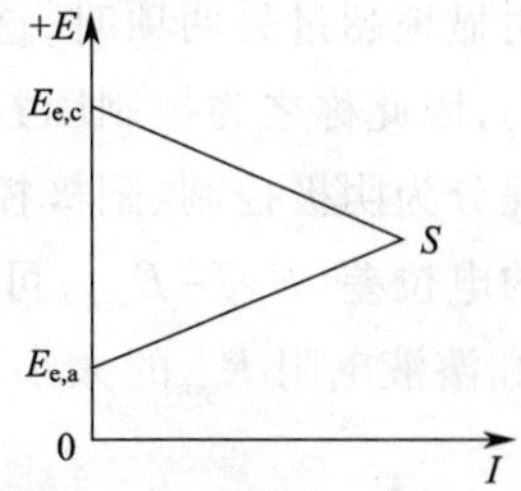

图 2—4　腐蚀电池的 Evans 图

腐蚀电位 E_{corr} 随时间变化不大,可以是稳定的,但这种稳定决不是一种平衡态,因为处在此电位下发生的阴、阳极反应是不可逆的,如处在 3% NaCl 溶液中 Fe 的电位是 -0.5 V,在这个电位下发生的阳极反应是 $Fe \rightarrow Fe^{2+} + 2e$,而阴极反应则是 $O_2 + 2H_2O + 4e \rightarrow 4OH^-$。阴、阳极同时进行着两个不同的电极反应,所以腐蚀将一直进行下去。一般情况下,腐蚀电池中阴、阳极面积是不相等的,但稳态下流过两极的电流强度是相等的,故用 E—I 图较为方便,对于均匀腐蚀和局部腐蚀都适用。

2.1.7　腐蚀极化曲线的应用

极化曲线对解释金属腐蚀的基本规律有重要意义,金属的腐蚀速度与电极的极化程度有关,极化能使腐蚀速度减小,去极化则能使腐蚀速度增加。测量腐蚀体系的阴、阳极极化曲线,可以揭示腐蚀的控制因素及缓蚀剂的作用机理。分别测量两种金属处在同一种电解质溶液中的极化曲线,可以判断这两种金属接触时的腐蚀情况。测量阴极区和阳极区的极化,可以研究局部腐蚀的情况。在腐蚀电位附近及弱极化区进行极化测量,可以快速求得腐蚀速度,由此来鉴定和筛选耐蚀材料和缓蚀剂。通过测量极化曲线还可以获得阳极保护和阳极保护的重要参数。总之,用实验方法测定极化曲线并加以分析,是揭示金属腐蚀机理和获得控制腐蚀措施的基本方法之一。

考虑溶液电阻对腐蚀影响后,腐蚀电池的极化曲线图一般为图 2—5 所示的形式。阴、阳极的极化率由极化曲线的斜率决定,以 P_a 和 P_c 分别表示阳极极化率和阴极极化率(量纲与电阻相同),R_{con} 表示腐蚀电池阴阳极间溶液电阻,则

$$I_{corr}=\frac{E_{e,c}-E_{e,a}}{P_c+R_{con}+P_a} \tag{2—3}$$

式中 $E_{e,c}$，$E_{e,a}$——阳极、阴极的初始电位，可由 Nernst 方程求出；

P_a，P_c——阳极、阴极的极化率(V)；

R_{con}——腐蚀电池阴阳极间溶液电阻(Ω)。

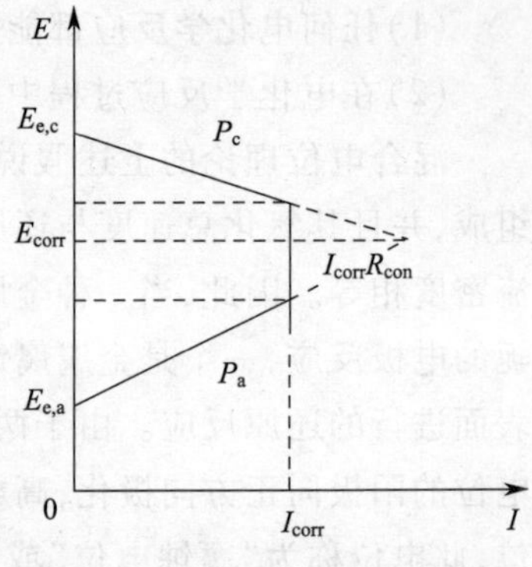

图 2—5　金属腐蚀极化曲线图

由式(2—3)可知，金属腐蚀速率既取决于腐蚀的驱动力——腐蚀电池阴、阳极间的电位差($E_{e,c}-E_{e,a}$)，也取决于腐蚀的阻力——阳极极化率 P_a、阴极极化率 P_c 和溶液电阻 R_{con}。当这三相阻力中任意一项明显地超过另两项时，这一阻力就将在腐蚀过程中对腐蚀体系的腐蚀速率起控制作用，因此称之为控制因素。在金属腐蚀学中，根据这三相阻力的相对大小，将腐蚀过程分为阴极控制、阳极控制、电阻控制和混合控制，如图 2—6 所示。由于阴、阳极间的电位差($E_{e,c}-E_{e,a}$)可由 Nernst 方程求得，这样，确定阳极极化率 P_a、阴极极化率 P_c 和溶液电阻 R_{con} 的大小和比例就成为解决问题的关键。

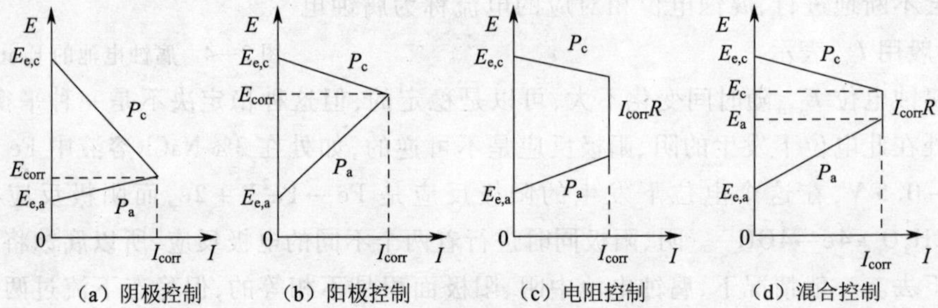

图 2—6　不同因素控制的锈蚀极化图

2.1.8　碱性环境中吸氧腐蚀的电化学过程及其特点

潮湿的大气、土壤、江河以及大多数碱性介质中，若溶有充足的氧，金属会发生以氧分子的还原反应为阴极过程的腐蚀，称为氧去极化腐蚀，或吸氧腐蚀。

在中、碱性溶液中氧还原反应为

$$O_2+2H_2O+4e \rightarrow 4OH^- \tag{2—4}$$

其平衡电位为

$$E_{O_2 \cdot H_2O/OH^-}=E^{\theta}_{O_2 \cdot H_2O/OH^-}+\frac{2.3RT}{4F}\lg\frac{p_{O_2}}{p^{\theta}[OH^-]^4} \tag{2—5}$$

式中 $E^{\theta}_{O_2 \cdot H_2O/OH^-}=0.401$(SHE)；

$p^{\theta}=101\,325$ Pa；

p_{O_2}——氧分压，$p_{O_2}/p^{\theta}=0.21$。

当溶液 pH = 7,温度为 25℃时：

$$E_{O_2 \cdot H_2O/OH^-} = 0.401\ V + \frac{0.0591\ V}{4} \lg \frac{0.21}{(10^{-7})^4} = 0.805\ V(\text{SHE}) \tag{2—6}$$

同时,在吸氧腐蚀的情况下,氧的阴极还原反应由以下几个步骤组成[13,14]：

(1)氧穿过空气—溶液界面进入溶液；

(2)在溶液对流作用下,氧迁移到阴极表面附近；

(3)在扩散层内,氧在浓度梯度作用下扩散到阴极表面；

(4)在阴极表面氧发生电化学还原反应。

一般情况下,若液—气的接触表面积很大时、溶液对流对氧的传送远远超过氧的扩散速度。氧在空气—水溶液间存在着溶解平衡,所以步骤(1)和(2)不会成为控制步骤,但是在靠近电极表面附近,对流速度减小。在自然对流下,稳态扩散层厚度约为 0.1 ~ 0.5 mm。在此扩散层内,氧的传递只靠扩散进行。又由于氧分子是电中性的,所以不受电场的影响,没有电迁移。通常情况下,如果阴极过程是在不大的电流密度下进行的,由于供氧速度大,步骤(4)为控制步骤,但实际阴极极化时,电流密度增大,电化学步骤加快,这时氧的扩散传质步骤特不能提高足够的电化学步骤所需要的氧,因此步骤(3)为控制步骤。下面通过溶氧的阴极极化曲线来讨论吸氧的电极过程动力学。图 2—7 是吸氧的阴极极化曲线,由图可知,极化曲线可分为三个部分：

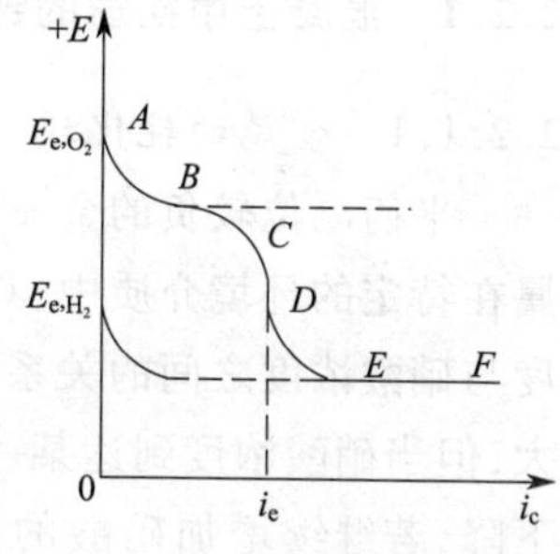

图 2—7　氧去极化过程的总极化曲线

(1)E_e—B 区：腐蚀电流密度不大,腐蚀速率为电化学反应步骤控制。此时又分两种情况：

①电位在稍微偏离平衡电极电位的 E_e—A 区,活化过电位与电流密度成线性关系。

②电位在偏离平衡电极电位较远、电流密度较大的 A—B 区,活化过电位与电流密度的对数成线性关系。

(2)B—C 区：当电流密度继续增大时,由于氧的扩散速度有限,供氧受阻,出现了明显的浓差极化,这时的阴极过程受氧的电化学步骤和扩散步骤共同控制。

(3)C—D 区：电流密度达到了氧扩散极限电流密度,表明这时吸氧的阴极过程完全由扩散步骤控制。当腐蚀电流密度等于极限电流密度时,阴极过电位将趋于无穷大。实际上阴极过电位不可能变为无穷大,因为当电位负到一定的数值时,另外的还原反应就可能发生了,例如,达到所在介质中氢的析氢电位,氢的去极化过程就开始了。此时,两种去极化过程同时进行,电流密度是氧扩散极限电流密度再加上析氢电流密度,其总的极化曲线为 DEF 曲线。

混凝土是一种强碱性物质,混凝土中钢筋的腐蚀过程就是吸氧腐蚀,并且在混凝土介质中,钢筋一般不可能达到析氢电位,因此从图 2—7 吸氧腐蚀的典型极化曲线可以看出，氧扩散控制下腐蚀体系所达到的极限电流密度，是腐蚀体系所能达到的最大腐蚀电流密度，此时腐蚀速率最大，其他条件下的腐蚀速率都比此时的腐蚀速率小。

2.2　混凝土中钢筋的钝化与活化

放在室外大气环境中的钢筋很快就会发生锈蚀现象，但混凝土中的钢筋，在一般情况下是不会发生锈蚀的，因为混凝土的强碱性会使钢筋表面生成一层钝化膜。但当环境因素使混凝土强碱性丧失或 Cl^- 侵入使钝化膜破坏，则钢筋就将开始锈蚀。

2.2.1　混凝土中钢筋的钝化

2.2.1.1　金属的钝化现象

平衡电位较负的金属性质活泼，比较容易被腐蚀。但在实际生活中发现，某些金属在特定的环境介质中，具有较好的耐蚀性。例如，把铁片浸入硝酸中观察其溶解速度与硝酸浓度之间的关系，发现在初始阶段，铁片的溶解速度随硝酸浓度的增加而增大，但当硝酸浓度到达某一定值时，铁的溶解速度迅速下降，若继续增加硝酸的浓度，其溶解速度降到最小(图 2—8)，此时金属变得很稳定，在较强的酸中也不再溶解，这种现象就是金属的钝化现象。这主要是因为在金属阳极反应过程中，金属表面形成了一层极薄的钝化膜(高电阻的氧化膜或吸附膜)，使金属由活化态变为钝态，从而使阳极过程受到了剧烈地阻滞，而使金属腐蚀减慢甚至停止[58]。

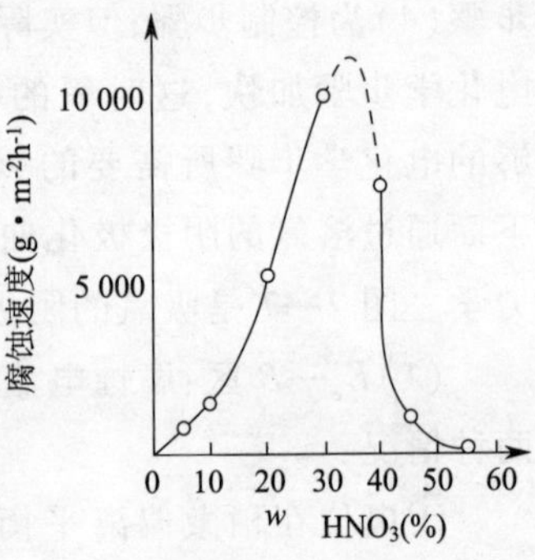

图 2—8　铁的腐蚀速度与硝酸浓度间的关系(25℃)

2.2.1.2　混凝土中钢筋的钝化机制

日常生活经验告诉我们，放在潮湿空气或水中的钢筋，过几天其表面就会生锈，即发生腐蚀，但处于混凝土中的钢筋，在保护层混凝土碳化前或 Cl^- 浓度较小时，即使已经使用许多年，但在其表面上却也看不到通常的铁锈。换句话说，混凝土中的钢筋不象在空气和水中那样容易发生腐蚀。因此，在讨论混凝土中钢筋为什么会发生锈蚀和怎样发生锈蚀的问题之前，显然有必要弄清混凝土中钢筋不易发生腐蚀的原因。

混凝土是由水泥、砂石、水和其他一些外加剂等成分拌合而成的，拌制普通混凝土的硅酸盐水泥含有大量硅酸钙，水化时会生成大量 $Ca(OH)_2$(水泥水化充分时，$Ca(OH)_2$的生成量将占水泥质量的 15% ~30%)。$Ca(OH)_2$ 在水中的溶解度低，所以它在混凝土孔隙液中容易饱和，多余的大量 $Ca(OH)_2$ 将结晶析出，沉积于水泥石中，被称为羟钙石。这样，以硅酸盐水泥为胶凝材料主体的混凝土中，孔隙液通常总是 $Ca(OH)_2$ 的饱和溶液，即使混凝土孔隙液中发生 $Ca(OH)_2$ 的任何溶出，沉积于孔壁的羟钙石的一部分也会以溶解方式自动地予以补充，使混凝土孔隙液总具有高碱性。饱和 $Ca(OH)_2$ 溶液的 pH 值在 25℃ 时为 12.6。另外，水泥中还常含有少量 Na_2O 或 K_2O 强碱性物质，在水泥水化时，它们会完全溶解于混凝土孔隙液中，使混凝土孔隙液的 pH 值更高[59]。

将金属放在高碱性溶液中，只要含有少量的氧气，在初始的电化学腐蚀作用下，金属表面都会迅速生成一层非常致密的钝化膜，具体生成过程简述如下：

首先，溶液中的氢氧根离子失去电子，发生氧化反应，生成水和活性氧原子：

$$2OH^- \rightarrow [O] + H_2O + 2e^- \qquad (2—7)$$

然后，反应生成的活性氧原子被金属表面化学吸附，并从金属中夺得电子形成氧离子，从而在金属表面产生高压的双电层(图 2—9)：

$$[O] + e^-(\text{金属中}) \leftrightarrow O^{2-} \qquad (2—8)$$

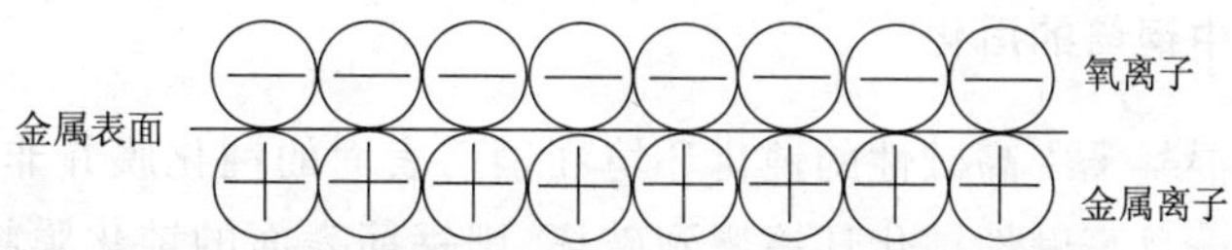

图 2—9　碱性溶液中金属表面双电层示意图

在双电层电场力的作用下，氧离子或者挤入金属离子晶格之中，或者把金属离子拉出金属表面，与其形成金属氧化物。

这样，在阳极区域发生的电化学反应的综合反应式如下：

$$2OH^- + Me \rightarrow MeO + H_2O + 2e^- \qquad (2—9)$$

$$2OH^- + Me \rightarrow Me(OH)_2 + 2e^- \qquad (2—10)$$

通过上述反应，金属表面形成一层致密的金属氧化物和金属氢氧化物晶体薄膜(理论上称之为成相膜)，其厚度为 $(30 \sim 60) \times 10^{-10}$ m 左右。这层膜直接和金属接触，无色透明，致密无隙，含水较多，成为离子迁移和扩散的阻碍层，是导致金属钝化的底层膜，所以又叫做一类膜。一类膜之外为厚度 $(300 \sim 500) \times 10^{-10}$ m、肉眼可见的颗粒状二类膜，其成分与一类膜不同，性脆，保护性较差。在二类膜之外还有一层三类膜，厚度为 $1\,000 \times 10^{-10}$ m 以上，多孔、易碎，保护性更差。通常人们所说的钝化膜，系指一类膜，而二类、三类膜则不能算作钝化膜[58]。

钝化膜的化学成分可借助于原子吸收光谱、电子探针等仪器来确定，其晶体结构则可采用 X 射线衍射、电子衍射等方法测定。资料表明，纯铁的钝化膜主要由 $\gamma—Fe_2O_3$ 晶体结构组成，Fe_3O_4 和 $\alpha-Fe_2O_3$ 均不具有保护作用。钝化膜中的 $\gamma—Fe_2O_3$ 与膜中的水结合生成水合产物 $Fe_2O_3 \cdot H_2O$，通常被写成 FeOOH($Fe_2O_3 \cdot H_2O = 2FeOOH$)，但是，钢筋的材质中含有碳、硅、锰、铬、镍等多种合金元素，因而其表面上的钝化膜成分和结构要比纯铁的钝化膜复杂得多。根据仪器检测的结果，混凝土中钢筋表面上的钝化膜是由金属(主要是铁)的氧化物、氢氧化物和来自水泥的矿物质组成的，且其厚度远大于一类膜的厚度，约为 $(2 \sim 10) \times 10^{-9}$ m。对于晶体结构复杂的钢筋表面的“厚膜”是否可将其称之为钝化膜，学术界对此曾有过一段时间的争论，但是，钢筋表面上的这层膜确实起到了防止钢筋锈蚀作用。所以，一般还都笼统地把它称作钝化膜[59-62]。

为防止混凝土中钢筋的锈蚀，科研人员一直在研究、试验采用电镀（如镀锌、镀铬等）、涂覆（如喷涂环氧树脂、丙烯酸树脂等）等技术在钢筋表面上覆盖一定厚度的保护涂层，然而人们发现，与这些人工涂层相比，混凝土中钢筋表面形成的钝化膜是最为理想的涂层，因为这层钝化膜是钢筋表面在混凝土中高碱性环境条件下原位自发生成的，而且只要这种高碱性的环境条件保持不变，这层钝化膜就能在其破损之处重新生成，使破损弥合，即钢筋的钝化膜具有“自愈合”功能，而人工涂层一旦破损，就无法弥合，而且对于覆盖有破损的镀铬层和高分子聚合物涂层的钢筋，由于“缝隙腐蚀”和宏观腐蚀电池的作用，其腐蚀速度甚至会比没有涂层更快。

2.2.2 混凝土中钢筋的活化

实践证明，混凝土中高碱性的钝化环境和钢筋表面的钝化膜并非在任何条件下都能维持下去，一旦高碱性钝化环境遭到破坏，则钢筋表面的钝化膜将被破坏，钢筋也就随之发生腐蚀。混凝土中钢筋表面钝化膜破坏一般有两个基本过程：混凝土中性化和氯化物侵蚀。

2.2.2.1 混凝土中性化的发生过程及其破坏钢筋钝化层的机理

环境中 CO_2、SO_2、SO_3、H_2S、HCl 等气态或液态的物质和混凝土中碱性物质 $Ca(OH)_2$进行中和反应，使混凝土碱度降低，从而使混凝土中钢筋钝化膜遭受破坏的过程，称为混凝土中性化。在混凝土中性化过程中最常见的是大气中的 CO_2 气体与混凝土中的 $Ca(OH)_2$ 发生反应，因此这一过程又称为混凝土碳化，它是一般大气环境中钢筋混凝土结构中钢筋锈蚀的前提条件[5,59]。

在混凝土碳化过程中，CO_2 气体能溶解于水形成碳酸，碳酸与其他绝大多数的酸（如盐酸、硫酸、硝酸等）不同，它不侵蚀混凝土的水泥石基体，而仅与混凝土微孔水中的碱性物质 $Ca(OH)_2$ 发生中和反应，生成碳酸钙，沉积于混凝土微孔的内壁上，反应过程如下：

$$CO_2 + H_2O \rightarrow H_2CO_3 \tag{2—11}$$

$$H_2CO_3 + Ca(OH)_2 \rightarrow CaCO_3 + 2H_2O \tag{2—12}$$

上述反应发生后，由于微孔中存在的羟钙石所含 Ca^{2+} 比溶入微孔水中的 Ca^{2+} 多得多，毛细孔周围水泥石中的羟钙石又补充溶解为 Ca^{2+} 和 OH^-，反向扩散到孔隙液中，这样，当碳化反应开始后，微孔水溶液的 pH 值还能在 12～13 左右的正常水平维持一段时间，一直到附近水泥石中的羟钙石和水化硅酸钙 C—S—H 凝胶体均与 CO_2 发生上述中和反应。随着微孔中氢氧化钙的消耗和生成的碳酸钙在水溶液中的沉淀，碳化反应产物将周围毛细孔堵塞后，不再有更多的水泥水化产物继续扩散进来参与中和反应，这时微孔水溶液的 pH 值将会明显降低。当 pH 值降到一定程度时，由

于 OH^- 浓度的降低，钢筋钝化膜中的 FeOOH 开始分解，钝化膜结构遭到破坏。此时的 pH 值即为钢筋腐蚀的初始门槛值[59]。混凝土碳化时从混凝土内部各处的 pH 值与该处至表面距离的关系可以用图 2—10 表示[15]。

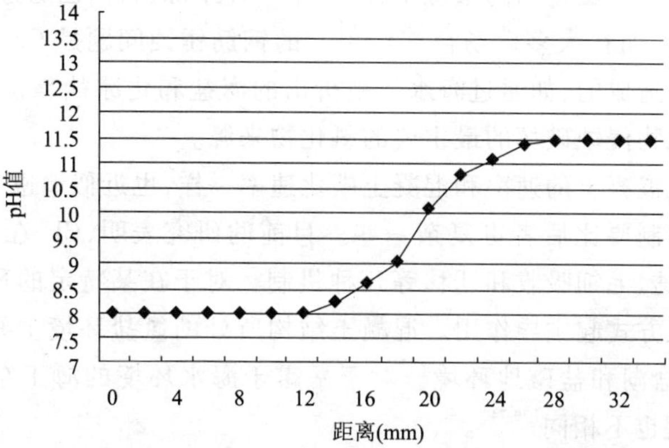

图 2—10　混凝土内部各处的 pH 值与该处至表面距离的关系

根据各处 pH 值变化，可将 CO_2 在混凝土中的扩散—反应过程分为完全碳化区、碳化反应区（部分碳化区）和未碳化区三个区域。在部分碳化区段，混凝土的 pH 值由外至内逐渐升高，未碳化区混凝土的 pH 值约为 12.5，完全碳化区混凝土的 pH 值为 8.5。部分碳化区的 pH 值从 8.5 到 12.5 变化。从碳化对钢筋锈蚀影响的角度看，钢筋位于 pH 值大于 11.5 的区域，钢筋处钝化状态，不发生锈蚀；当钢筋位于 pH 值小于 11.5 的区域，钢筋处于活化状态，在一定的环境条件下，当混凝土的 pH 值降到某一值 pH_0 时，钢筋开始锈蚀[15]。

在混凝土碳化所引起的钢筋锈蚀中，钢筋锈蚀开始时间由混凝土碳化速率所决定，因此混凝土碳化速率一直是这一领域研究的重点，国内外学者也建立了许多混凝土碳化速率模型[63-69]，按建立模型的方法，混凝土碳化数学模型可分为两类：一类侧重从理论上推导，一类侧重从试验研究分析影响因素，获取碳化速率系数。

目前对混凝土碳化的研究，主要是建立在实验室中高浓度 CO_2 人工加速碳化的基础上，但是由于在自然碳化和人工碳化两种不同的条件下，CO_2 浓度和碳化所经历的时间差别很大，两种方法形成的碳化过程的差别及其相关性，尤其对混凝土部分碳化区长度的影响还有待于进一步研究。

2.2.2.2　氯化物侵蚀诱发钢筋锈蚀的机制

从大的方面来说，混凝土中氯化物的来源可以分成两大类：一是在混凝土搅拌、浇筑时掺入的；一是在混凝土凝结硬化后由外界通过扩散等渗入混凝土的。

混凝土搅拌、浇筑时掺入混凝土的氯化物来源一般有：有意加入的氯化物速凝剂、早强剂及抗冻刑，如氯化钙、氯化钠、氯化铁和氢氯酸等；用海水进行混凝土搅拌混料时进入的；以未经清洗或未经充分清洗的海砂作骨料带入的。

通过扩散渗入已硬化混凝土的氯化物来源有：海水溅湿海岸附近的混凝土结构后，在混凝土表面上析出的海盐；冬季为化雪除冰而在公路桥面上喷撒的粗盐；在储盐仓库或存放盐水的混凝土池子中，结构表面上沉积、析出的盐。

在以上述两大类氯化物的来源中，对于第一种来源，目前已通过严格限制掺入氯盐等方式来避免，而在大多数场合，Cl^-引起的钢筋锈蚀问题是Cl^-从外界环境侵入已硬化的混凝土造成的，如通过海水飞溅析出的海盐和化冰盐是世界各地钢筋混凝土结构遭受氯化物侵蚀破坏的最主要的氯化物来源。

氯化物侵入混凝土的速率和混凝土碳化速率一样，也近似地遵循菲克扩散定律，但氯化物侵入机制要比后者更复杂一些。目前的研究表明，Cl^-在混凝土中的传输一般有扩散、渗透、毛细吸收和迁移等几种机制。对于在某特定的环境条件下，其中将有某一种侵入方式起主导作用。混凝土结构所处的氯盐环境主要有海洋环境、道路化冰盐环境、盐湖和盐碱地环境。对于暴露于海水环境的海工结构，暴露条件不同，Cl^-侵入机理也不相同[70-74]。

关于Cl^-去钝化机理，目前学术界还存在一定的争议。汪鹰[61,62]等用原子力显微镜（AFM）研究模拟混凝土孔溶液中钢筋钝化膜表面形貌，发现即使是不含Cl^-，钢筋表面钝化膜表面也很不平整，存在着微缺陷；用光电化学方法研究表明，钝化膜为无定形n型半导体的成相膜，双层结构，内层含FeO或Fe_3O_4，外层以γ—F_eOOH为主。该文献通过测试认为Cl^-破膜机理更可能是：Cl^-在钝化膜表层吸附，通过钝比膜的表面缺陷穿透到膜中，在钝化膜内层（铁/氧化物界面）形成$FeCl_2$，从而使钝化膜局部溶解。$FeCl_2$和水结合形成$FeCl_2 \cdot 4H_2O$，浅绿蓝色，故俗称为绿锈。绿锈从钢筋阳极区向含氧量较高的混凝土孔隙液迁移，分解为$Fe(OH)_2$，$Fe(OH)_2$色褐，故俗称为褐锈。褐锈沉积于阳极区周围，同时，放出H^+和Cl^-，它们又回到阳极区，使阳极区附近的孔隙液局部酸化，再带出更多的Fe^{2+}。这样，Cl^-虽然并不构成锈蚀产物，在锈蚀中也不消耗，但是作为促进锈蚀的中间产物，会起催化作用。反应式如下：

$$Fe^{2+} + 2Cl^- + 4H_2O \rightarrow FeCl_2 \cdot 4H_2O \qquad (2—13)$$

$$FeCl_2 \cdot 4H_2O \rightarrow Fe(OH)_2 \downarrow + 2Cl^- + 2H^+ + 2H_2O \qquad (2—14)$$

传统的研究认为，如果在大面积的钢表面上具有高浓度氯化物，则氯化物所引起的锈蚀可能是均匀锈蚀，但是，在不均质的混凝土中，常见的是局部锈蚀。首先是在很小的钢表面上，混凝土孔隙液具有较高的氯化物浓度，形成钝化镆的局部破坏，成为小阳极。此时钢表面的大部分仍具有钝化膜，成为大阴极。这种特定的由大阴极、小阳极组成的腐蚀电偶，由于大阴极供氧充足，使小阳极上的铁迅速溶解而产生坑蚀，小阳极区局部酸化；由于大阴极区的阴极反应，生成OH^-使pH值增高；同时氯化物又提高了混凝土的吸湿能力，使阴极与阳极间的混凝土孔隙液的欧姆电阻降低。这三方面的自发性变化，将使上述局部腐蚀电偶得以自发地以局部深入形式继续进行。因此在外界渗入Cl^-的情况下，钢筋锈蚀常常产生局部锈蚀，也称为点蚀或坑锈蚀。

如果混凝土孔隙水中只含有少量的 Cl^-，钢筋表面上的钝化膜是不会被破坏的，特别是在高碱性条件下，即使钝化膜受到一定的损伤，因其自身所具有的"自愈合"能力，也会重新弥合。因此，对于氯化物侵蚀下的混凝土中钢筋锈蚀，引起钢筋钝化膜破坏而产生锈蚀需要 Cl^- 浓度达到一定的数值，这一数值常用"Cl^-/原氧根离子"比例形式表示，称为氯化物含量的临界浓度(门槛值)。Cl^- 临界浓度是钢筋锈蚀的一个十分重要的指标，文献[75-80]对混凝土中 Cl^- 临界浓度进行了研究，得出了 Cl^- 临界浓度的大致规律，见如表 2—1，但由于 Cl^- 临界浓度既受混凝土成分、孔隙状况与环境条件的影响，而且氯化物浓度测定方法也还没有一个严格统一的标准方法，所以目前关于 Cl^- 临界浓度尚无统一的定论。

表 2—1　混凝土的氯化物临界浓度[5]

Cl^- 临界浓度指标	混凝土 Cl^- 临界浓度(对水泥质量)(%)	环境 Cl^- 临界浓度($\times 10^{-6}$)
中等强度混凝土	1.15	5000
高强度混凝土	0.85	10500
粉煤灰高效减水剂双掺高性能混凝土	0.35	10000

除 Cl^- 的临界浓度外，Cl^- 在混凝土中的传输速率也是影响钢筋锈蚀的一个重要因素，这方面的研究也较多。国内外学者在建立 Cl^- 侵入速率模型时，都普遍把扩散作为 Cl^- 在混凝土中的主要传输方式，从而假定 Cl^- 在混凝土中传输近似遵循费克定律[70,81,82]，研究大多集中在确定 Cl^- 扩散系数的方法上。比较有影响的确定 Cl^- 扩散系数方法主要有[5,83,84]：库仑法(美国标准 AASHTO T277 或 ASTM C1202)、高浓度浸泡法(北欧标准 NT BUILD 443)、稳态电迁移法(北欧标准 NT BUILD 355)和非稳态电迁移法(北欧标准 NT BUILD 492)、扩散槽法(目前无标准)等。

2.3　混凝土构件中钢筋锈蚀的特殊性

混凝土中钢筋的锈蚀和金属在电解质溶液中的电化学腐蚀过程一样，都是金属相介质由于自身或环境的因素存在的电化学不均匀性所形成的腐蚀电池作用所致。但由于混凝土构件中存在混凝土介质的多相性、不均匀性，以及构件中可能存在的裂缝、箍筋和内外排钢筋等特点，使得钢筋锈蚀时，除了存在和金属组织不均一性有关的腐蚀微电池外，还有可能存在和混凝土介质的宏观不均匀等因素相关的腐蚀宏电池，这种宏电池在混凝土构件中钢筋锈蚀中还有可能起着较大的加速锈蚀作用。

2.3.1　腐蚀介质和腐蚀环境的特殊性

混凝土是水泥石基体、砂石等材料组成的一种多孔的固体介质，其内部孔隙中充斥着水和空气，其中水分能直接渗浸孔隙或在孔壁上形成水膜，也可以形成水化物而存在。当混凝土含水量达到一定条件时，混凝土可以成为离子导体。因此在混凝土中钢筋锈蚀时，混凝土作为特殊的电解介质参与钢筋锈蚀的电化学反应。

混凝土保护层将钢筋与外界环境隔离开，钢筋锈蚀电化学过程中的气相、液相、离子等物质的传输均在混凝土内部进行，使得钢筋锈蚀过程比普通电解质溶液中的金属原电池腐蚀复杂得多。首先，混凝土材料本身具有多相性和不均匀性，使得钢筋表面腐蚀介质的成分不同，从而可使不同部位钢筋的锈蚀形态存在不同；其次，钢筋锈蚀过程中所需要的水分和氧气都需要经过混凝土保护层的传输才能到达钢筋的表面，混凝土保护层的孔隙率、含水量、电阻率等因素对钢筋锈蚀有重要影响。

同样由于混凝土保护层的隔离作用，钢筋表面的温度、湿度等环境条件和混凝土构件周围的环境温度、湿度不相等。实践证明，钢筋锈蚀时，温、湿度具有滞后性，特别是环境湿度具有明显的滞后性[82]。

2.3.2 构件截面配筋的特殊性

目前常见的混凝土构件主要有梁、板、柱等构件，这些构件中钢筋的种类和位置各部不相同，特别是梁和柱配筋较为复杂，不仅有纵筋，还有箍筋、腰筋、架立筋；配筋量较大时，还会有双排的钢筋。这些钢筋间一般是交错相连的，但它们在构件中的深度又不尽相同，因此当外部侵蚀介质进入混凝土内部时，首先是外部钢筋活化开始锈蚀，而此时内部钢筋仍处于钝化状态，因此内部和外部钢筋间即可在箍筋的连接下形成宏观的腐蚀电池，而使外部钢筋加速锈蚀。

2.3.3 裂缝存在使钢筋锈蚀产生不均匀性

除混凝土构件配筋较复杂外，混凝土构件都是在一定荷载的作用下工作的。在荷载的作用下，构件中一般存在着一定的裂缝，裂缝的存在可使空气中水分、氧气等介质较容易到达裂缝处钢筋表面，从而使裂缝处钢筋的锈蚀状态改变。

钢筋锈蚀后，由于锈蚀产物的体积膨胀性，会使构件出现沿钢筋长度方向的顺筋裂缝。顺筋裂缝的出现，也会使裂缝处腐蚀介质的浓度、传递方式发生改变而使裂缝处钢筋的锈蚀状态改变。

因此，和目前大多数把单根钢筋放置于混凝土进行研究的方式相比，混凝土构件中介质的宏观不均匀和钢筋配筋形式的交互影响作用更加明显，钢筋在锈蚀机理和锈蚀形态等方面表现出独特的多样性和复杂性。

2.4 钢筋锈蚀速率的表达指标及测试方法

在工程实践中，钢筋锈蚀速率可用钢筋的质量变化、截面变比、阳极电流密度、电阻、力学性能变化等指标来衡量，下面简单介绍失重法、截面损失法和阳极电流密度表达方法的原理与测试方法。

2.4.1 失重法

钢筋锈蚀产物生成后，Fe 离子的流失使钢筋的质量减少，因此工程中经常用失重的多少来衡量钢筋锈蚀速率的快慢。

单位面积、单位时间内钢筋失重可以通过下式计算：

$$v_{失重}=\frac{W_0-W_1}{S_0 t} \tag{2—15}$$

式中 W_0——试件原始质量(g)；

W_1——试件清除锈蚀产物后的质量(g)；

S_0——试件表面积(m^2)；

t——锈蚀时间(a)。

根据《普通混凝土长期性能和耐久性能试验方法》(GB/T 50082—2009)的规定：钢筋失重量的测量一般是将锈蚀的后的钢筋从混凝土构件中取出，用木质或塑料刮刀刮去钢筋表面残留的混凝土和浮锈，然后用 12% 盐酸溶液对钢筋进行酸洗，再用石灰水中和，最后应以清水冲洗干净。应将钢筋擦干后在干燥器中至少存放 4 h。然后应对每根钢筋用分析天平进行称重(称重精确至 0.01 g)，并计算钢筋锈蚀失重率。酸洗时，应在洗液中放入两根尺寸相同的同类无锈钢筋作为基准校正[85]。

2.4.2 截面损失法

钢筋锈蚀后，随钢筋质量的减少，钢筋截面(直径)也随之发生变化，和失重相似，钢筋截面(直径)减少可以用下式计算：

$$v_{直径}=\frac{d-d_1}{t} \tag{2—16}$$

式中 d——试件原始直径(mm)；

d_1——试件清除锈蚀产物后的直径(mm)；

t——锈蚀时间(a)。

通过直径的损失量，即可计算出钢筋截面的损失量。钢筋锈蚀后直径的测量一般也是将锈蚀的后的钢筋从混凝土构件中取出，用木质或塑料刮刀刮擦除去钢筋表面残留的混凝土和浮锈，清洗干燥后，用游标卡尺测量锈蚀后钢筋地直径(或锈蚀坑得深度)，精度一般要求精确到 0.02 mm。

2.4.3 阳极电流密度法

在钢筋锈蚀的电化学反应过程中，钢筋作为阳极不断进行阳极溶解(锈蚀)同时释放出电子，放出的电子越多，则输出的电量越大，同时钢筋的失重(溶解)也越多。

因此钢筋锈蚀时，可以通过测量阳极电流密度的大小来表达钢筋锈蚀速率的大小。

钢筋阳极溶解（失重）量和输出电量的关系可以用法拉第定律来确定：电极上溶解 1 g 当量物质所需要的电量为 1 F，即 96 500 C。根据法拉第定律，钢筋锈蚀的失重量和锈蚀电流之间的关系为[58]：

$$\Delta W = \frac{Q}{F} \cdot \frac{A}{n} \tag{2—17}$$

式中 ΔW——试件失重量（g）；

Q——锈蚀时阳极通过的电量（C），$Q = I \cdot t$；

F——法拉第常数，$F = 96\,500\ \text{C/mol}$；

A/n——金属的相对原子质量/价数，一般记为 N，对于特定电化学反应，其值为定值，混凝土中钢筋锈蚀一般等于 28；

I——阳极锈蚀电流（A）；

t——锈蚀时间（S）。

于是，单位面积上、单位时间内，钢筋的失重的锈蚀速率表示为

$$v_{失重} = \frac{W_0 - W_1}{S_0 t} = \frac{\Delta W}{S_0 t} = \frac{It}{FS_0 t} \cdot N = \frac{I}{FS_0} \cdot N \tag{2—18}$$

电流密度 i 是单位面积上通过的电流，即 $i = \frac{I}{S_0}$，代入式（2—18），得

$$v_{失重} = \frac{iN}{F} \tag{2—19}$$

上式即为钢筋锈蚀阳极电流密度和失重之间的关系式，知道钢筋锈蚀阳极的锈蚀电流密度，即可计算出钢筋锈蚀的失重量。

在金属腐蚀学中，金属阳极锈蚀电流密度是十分重要的一个电化学参数，其值的测量方法也是金属腐蚀学中一个重要的研究内容。目前较成熟的测量方法有线性极化法，阻抗谱法和电化学噪声法等[86,87]。目前应用最广的是线性极化法。线性极化法是 Stern 和 Geary 于 1957 所研究出的用于检测金属锈蚀速率的一个简单快速、无损的测试技术，其主要理论依据是金属腐蚀时，其在腐蚀电位 E_{corr} 附近（一般过电位 $\eta < 10\ \text{mV}$），测得的金属腐蚀电位和腐蚀电流的对数具有近似线性的关系[58]。著名的 Stern 公式为

$$I_{corr} = \frac{\beta_a \cdot \beta_c}{2.303(\beta_a + \beta_c)} \frac{I}{R_p} = \frac{B}{R_p} \tag{2—20}$$

式中 I_{corr}——锈蚀电流；

β_a, β_c——阳极和阴极过程的 Tafel 常数，其大小与电极反应机理有关；

R_p——锈蚀体系的极化电阻，又称极化阻力。

文献[5]指出：对于大多数系统，常数 B 值在 13 ~ 52 mV 之间变动。Andrade 和 Gonzalez 通过试验发现，埋在混凝土中的钢筋处于活态（锈蚀）时，常数 $B = 26\ \text{mV}$；而处于钝态时，$B = 52\ \text{mV}$。因此极化电阻 R_p 的测量是应用这种方法的关键，实测时一

般采用恒电位仪,具体装置如图 2—11 所示。

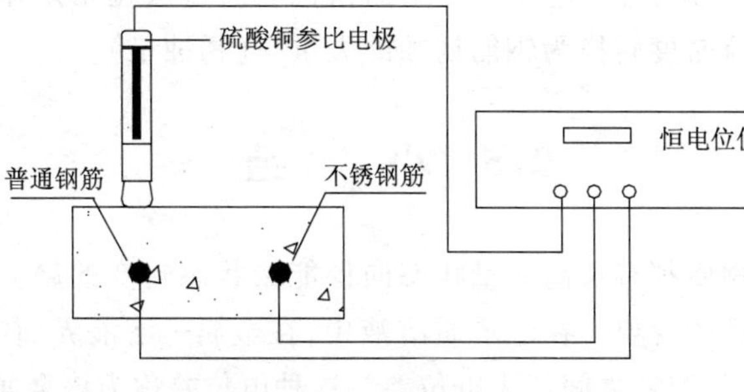

图 2—11　线性极化法测量系统图

应用这种方法时,应注意在测量电路上的 *IR* 降[88]和钢筋极化区分布不均匀的问题,对于 *IR* 降可以通过仪器的自动电阻补偿功能予以弥补[89];对于极化区域不均匀的问题,Feliu 和 Gonzalez 等人提出了屏蔽环(Guard Ring)技术[90-93],通过附加辅助电极使钢筋极化区域局限于一个已知的区域。具体装置如图 2—12 所示。

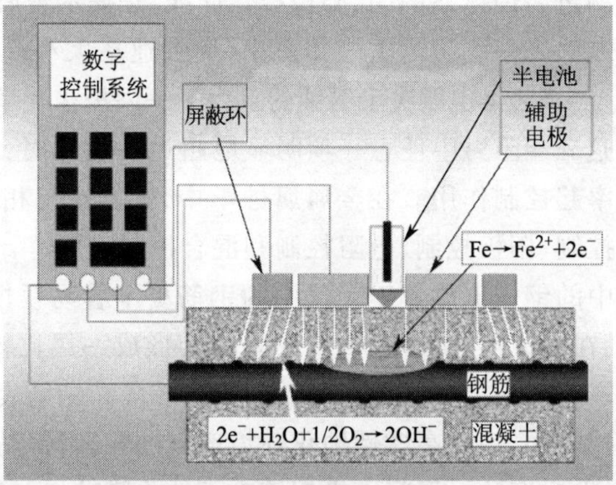

图 2—12　屏蔽环测量装置图

根据实验室和现场测量数据,可以给出线性极化法测量的钢筋锈蚀电流密度值与钢筋锈蚀状态的关系[94],见表 2—2。

表 2—2　线性极化法测定的钢筋锈蚀速率特征值[94]

极化电阻(Ωcm²)	锈蚀电流密度(μA/cm²)	金属损失率(mm/a)	锈蚀速率
2.5 ~ 0.25	10 ~ 100	0.1 ~ 1	很高
25 ~ 2.5	1 ~ 10	0.01 ~ 0.1	高
250 ~ 25	0.1 ~ 1	0.001 ~ 0.01	中等,低
>250	<0.1	<0.001	不锈蚀

钢筋锈蚀的电流密度是一个瞬时指标,在专门研究钢筋锈蚀的文献中较常使用,

而对于研究钢筋力学性能、钢筋与混凝土粘结性能以及钢筋混凝土构件承载性能退化的文献中,失重率(锈蚀量)是较常使用的指标。通过法拉第定律,可以将一段时间内钢筋锈蚀的电流密度转换为钢筋锈蚀的失重率(锈蚀量)。

2.5 小　结

自然环境中的物质都有从高能量状态向低能量状态转变的趋势,金属的腐蚀就是其中一种较为常见的现象。在电解质溶液中,在金属—溶液界面会产生的双电层现象,双电层使金属与溶液之间产生电位差。这种电位差称为该金属/溶液体系的绝对电极电位。不同金属或金属与其所含杂质在电解质溶液中电极电位的不同是形成腐蚀电池、从而使金属开始电化学腐蚀的原始驱动力。腐蚀电池的形成是金属电化学腐蚀的必要条件,腐蚀电池又由阳极、阴极、腐蚀溶液和闭合电路四个部分组成,缺一不可。

金属电化学腐蚀开始后,腐蚀体系的阴、阳极上都有可能产极化,分别称为阴极极化和阳极极化。测量腐蚀体系的阴、阳极极化曲线,是揭示金属腐蚀机理和获得控制腐蚀措施的基本方法之一。实际腐蚀体系中,腐蚀速率大小既取决于腐蚀电池阴阳极间的电位差($E_{e,c}-E_{e,a}$),也取决于腐蚀的阻力——阳极极化率 P_a、阴极极化率 P_c 和溶液电阻 R_{con};当这三相阻力中任意一项明显地超过另两项时,这一阻力就将在腐蚀过程中对腐蚀速率起控制作用。在金属腐蚀学中,根据这三相阻力的相对大小将腐蚀过程分为阴极控制、阳极控制、电阻控制和混合控制。

埋置于混凝土中的钢筋比放置于大气中的钢筋更不容易锈蚀,这是因为混凝土是一种强碱性物质,在强碱性溶液中,钢筋的表面会形成一层比较致密的钝化膜,从而阻止钢筋锈蚀的产生。但混凝土中高碱性的钝化环境和钢筋表面的钝化膜并非在任何条件下都能维持下去,一旦高碱性钝化环境遭到破坏,则钢筋表面的钝化膜将被破坏,钢筋也就随之发生腐蚀。混凝土中钢筋表面钝化膜破坏一般有两个基本过程:混凝土中性化和氯化物侵蚀。

和普通大气环境中金属腐蚀不同,混凝土中钢筋锈蚀有着自身的特殊性:腐蚀介质不再是常见的电解质溶液,而是具有多孔结构的固体混凝土介质,并且混凝土构件中钢筋也不是一个相对均匀的整体,而是互相连接的具有三维尺寸的钢筋骨架,同时混凝土裂缝的存在也加剧了钢筋局部锈蚀的不均匀性。

金属腐蚀学中,经常用金属腐蚀的阳极电流密度来表示金属腐蚀速率的大小,阳极电流度可以通过法拉第定律来换算成金属的重量或截面的变化。测试阳极电流密度的方法中,目前比较常用的是线性极化法,线性极化方法测出的电流密度电流密度是一个瞬时指标,在专门研究钢筋锈蚀的文献中较常使用,而对于研究钢筋力学性能、钢筋与混凝土粘结性能以及钢筋混凝土构件承载性能退化的文献中,失重率(锈蚀量)是较常使用的指标。

第3章　混凝土中钢筋锈蚀速率的基本模型

混凝土中钢筋在外界侵蚀介质的作用下，其表面的钝化膜破坏，在足够的水和氧气作用下会产生电化学反应的阴极与阳极，从而发生电化学腐蚀。本章从金属腐蚀电化学基本理论出发，综合考虑钢筋周围界面结构的特点和氧气传输过程的影响，建立钢筋锈蚀速率的电化学基本模型。

3.1　混凝土中钢筋锈蚀速率研究成果回顾

混凝土中钢筋锈蚀速率的计算是实现钢筋混凝土结构使用寿命评估和预测的前提，因此，国内外许多学者对此进行了研究，但由于混凝土内钢筋锈蚀机理较为复杂，影响因素众多，目前还没有形成较为统一的能适用于大多数条件的普遍计算模型。现有钢筋锈蚀速率计算模型按其建立的途径可分为三种，即理论模型、统计模型和理论统计相结合的模型。

3.1.1　锈蚀速率的理论模型

3.1.1.1　Bazant 模型[95,96]

Bazant 根据混凝土中钢筋锈蚀过程各反应物质的质量守恒定律、Fick 扩散定律、Maxell 静电方程及化学反应速率方程，建立了一组钢筋锈蚀速率的微分方程，并针对海洋环境下钢筋混凝土结构的特点，考虑浓差极化的作用，同时为避免三维计算将各反应物质的扩散简化为一维稳态扩散，推导出了海洋环境下钢筋锈蚀速率简化计算的应用模型。

$$i_a = \frac{\Delta E}{\alpha_b R \sqrt{S_A}}$$

$$i_c = \frac{\Delta E}{\alpha_b R \sqrt{S_C}}$$

$$\frac{1}{R} = \frac{1}{\rho_{con}}\left[\frac{1}{\dfrac{1}{\sqrt{S_A}+2c}+\dfrac{1}{\sqrt{S_C}+2c}}+\frac{1}{L(\dfrac{1}{S_A}+\dfrac{1}{S_C})}\right] \tag{3—1}$$

式中　i_a——阳极腐蚀（锈蚀）电流密度；

i_c——阴极腐蚀（锈蚀）电流密度；

R——锈蚀电路总电阻；

S_C, S_A——阴、阳极区面积；

c——混凝土保护层厚度；

ρ_{con}——混凝土的电阻率；

ΔE——阴、阳极电位差；

α_b——L范围上单位面积中的钢筋表面积，L为阴阳间钢筋长度。

该模型较完整地表述了海洋环境下钢筋锈蚀的物理过程和化学过程，概念清楚，考虑因素较全面，但其中各反应物质的扩散系数等参数难以确定，方程组的求解也有一定的难度，另外模型中将锈蚀最终产物定为 $Fe(OH)_3$，结果偏于保守。

3.1.1.2 刘西拉模型[97]

刘西拉等以混凝土和钢筋界面处各反应物质的质量守恒为前提，根据 Fick 扩散定律、欧姆定律、Maxell 静电方程，得出求解混凝土内钢筋锈蚀的方程组。

$$I=\frac{E_{e,c}-E_{e,a}}{R}$$

$$E_{e,a}=E_a^0-\frac{2R_0T}{n^AF}\ln[OH^-]_{cs}^A$$

$$E_{e,c}=E_c^0-\frac{4R_0T}{n^cF}\ln[OH^-]_\delta+\frac{R_0T}{n^cF}\ln[O_2]_{cs}+\frac{R_0T}{n\mathrm{F}}\ln(1-\frac{i_c}{i_L^a})-\frac{4R_0T}{n^cF}\ln(1+2\frac{i_a}{i_c})$$

$$i_a=\frac{I}{S_A}\quad i_c=\frac{I}{S_C} \tag{3—2}$$

式中　i_a——阳极腐蚀（锈蚀）电流密度；

i_c——阴极腐蚀（锈蚀）电流密度；

R——锈蚀电路总电阻；

R_0——气体常数，$R_0=8.314$ J/K；

S_C,S_A——阴、阳极区面积；

$E_{e,c},E_{e,a}$——阴、阳极的平衡电极电位（初始电位）；

E_c^0,E_a^0——阴、阳极电化学反应的标准电位；

$[O_2],[OH^-]$——O_2、OH^-的浓度。

该模型主要考虑了钢筋锈蚀过程中的氧扩散浓差极化和 OH^- 扩散浓差极化，同时假定钢筋锈蚀以均匀锈蚀为主、阴阳极的电极电位由 Nernst 方程决定。在此方程组中，各反应物质的浓度和扩散系数等参数难以确定，方程组的求解也有一定的难度。

3.1.1.3 G. Balabanic 模型[98]

$$\frac{\partial C_0}{\partial t}=D_0\nabla^2C_0$$

$$D_0\frac{\partial C_0}{\partial r}=k_3\sigma\frac{\partial\phi}{\partial r}(\text{阴极}),D_0\frac{\partial o}{\partial r}=k_4\sigma\frac{\partial\phi}{\partial r}(\text{阳极})$$

$$\phi=-0.512-0.0148\lg\left(\frac{C_0}{C_W}\right) \tag{3—3}$$

式中 D_0——氧气在混凝土中的扩散系数,

k_3, k_4——阴、阳极反应系数;

C_0, C_W——单位体积混凝土内氧气、水的含量;

ϕ——阴极极化电位;

σ——混凝土电导率。

该模型主要是根据 Fick 扩散定律、Nernst 方程和法拉第定律得出的,氧扩散考虑了混凝土水灰比、含水率和混凝土保护层厚度对其影响,模型中混凝土含水率确定较复杂,工程实用性不强。

3.1.1.4 肖从真模型[99]

$$i_a = K_1 K_2 n_C F D_0 \frac{[O_2]^0}{c} \frac{S_C}{S_A} \tag{3—4}$$

式中 i_a——阳极锈蚀电流密度;

K_1——氧气消耗系数;

K_2——角部钢筋修正系数;

D_0——氧气在混凝土中的扩散系数;

n_c——阴极还原反应对应的电子数;

$[O_2]^0$——混凝土表面氧气的浓度;

c——混凝土保护层厚度;

S_C, S_A——阴、阳极区面积。

该模型主要理论依据为钢筋锈蚀速率由阴极氧扩散控制,并且氧气扩散系数是用二氧化碳在混凝土中的扩散系数换算得出,计算过程较复杂,且需利用现场实测数据,工程应用相对较困难。

另外,还有牛荻涛[100]、金伟良[9,101]、张伟平[102]分别建立的有关钢筋锈蚀量的理论模型,这些模型均是在锈蚀速率由阴极氧扩散控制的前提下,考虑了时间、相对湿度等因素。

3.1.2 锈蚀速率的统计模型

3.1.2.1 Liu.T 模型[103]

Liu.T 通过五年的室外实验,得出钢筋锈蚀的统计模型,模型考虑了 Cl^- 含量、温度、混凝土电阻及锈蚀时间,见图 3—1。

当 Cl^- 含量由 ASTMC1152 确定的方法测出时:

$$\ln 1.08i = 7.89 + 0.7771 \ln 1.69 k_{Cl^-} - 3006/T - 0.000116 R_c + 2.24 t^{-0.215} \tag{3—5}$$

式中 i——由 3LP 仪器测出的钢筋锈蚀电流密度($\mu A/cm^2$);

k_{Cl^-}——Cl^- 含量(kg/m^3);

T——钢筋表面绝对温度(K);

R_c——混凝土保护层电阻(Ω);

T——锈蚀时间(年)。

Cl^-为自由 Cl^- 含量时：

$$\ln 1.08i = 8.37 + 0.618\ln 1.69k_{Cl^-} - 3\,034/T - 0.000\,105R_c + 2.32t^{-0.215} \quad (3—6)$$

式中各符号含义同式(3—5)。

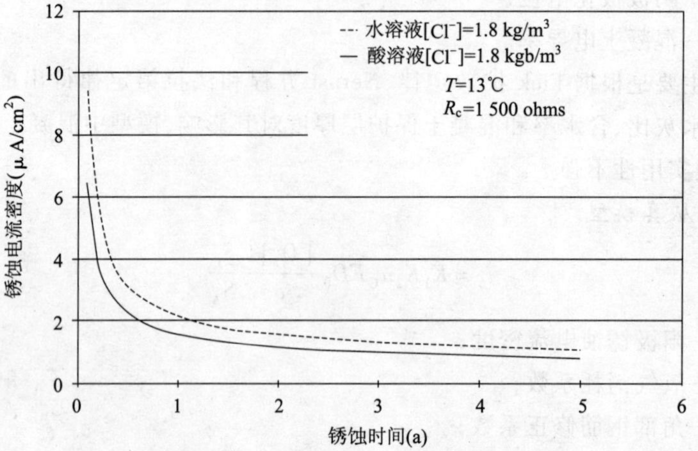

图 3—1　锈蚀速度随时间的变化[29]

3.1.2.2　中国矿业大学模型[104]

对于氯盐试件：

$$i_{corr} = 2.486\left(\frac{RH}{45}\right)^{1.6072}\left(\frac{T_1}{10}\right)^{0.3879}\left(\frac{w/c}{0.35}\right)^{0.4447}\left(\frac{c}{10}\right)^{-0.2761}(k_{Cl^-})^{1.7376} \quad (3—7)$$

式中　i_{corr}——钢筋锈蚀电流密度(μA/cm²)；

RH——环境相对湿度(%)；

T_1——环境温度(℃)；

w/c——混凝土水灰比；

c——混凝土保护层厚度(mm)；

k_{Cl^-}——钢筋位置处 Cl^- 含量(%)。

对于碳化试件：

$$i_{corr} = 0.0143\left(\frac{RH}{45}\right)^{2.814}\left(\frac{T_1}{10}\right)^{0.466}\left(\frac{w/c}{0.35}\right)^{0.837}\left(\frac{c}{10}\right)^{-0.436} \quad (3—8)$$

式中各符号含义同式(3—7)。

3.1.2.3　Morinaga 模型[21]

考虑了温度、相对湿度、氧气浓度、Cl^- 含量的钢筋锈蚀速率模型：

对于碳化试件

$$q = 21.84 - 1.35X_1 - 35.43X_2 - 234.76X_3 + 2.33X_4 + 4.42X_5 + 250.55X_6$$

$$X_4 = X_1X_2;X_5 = X_1X_3;X_6 = X_2X_3 \tag{3—9}$$

式中 q——钢筋锈蚀速率($\times 10^{-4}$,g/cm^2·a);

X_1,X_2,X_3——温度(℃)、相对湿度(%)和氧气相对浓度(%)。

对于氯盐试件

$$q = 2.59 - 0.05X_1 - 6.89X_2 - 22.87X_3 - 0.99X_4 + 0.14X_5 + 0.51X_6 + 0.01X_7 + 60.81X_8 + 3.36X_9 + 7.31X_{10}$$

$$X_4 = X_1X_2;X_5 = X_1X_3;X_6 = X_2X_3 \tag{3—10}$$

式中 X_2——环境相对湿度;

X_4——Cl^- 含量(%)。

其余符号同前。

该模型没有考虑混凝土材料因素,是一个较大的缺陷。

另外,在统计模型中还有惠云玲[27]、邸小坛[105]等关于钢筋质量(截面)损失率的模型,在此不在赘述。

3.1.3 锈蚀速率的理论、统计相结合模型

3.1.3.1 J. A. Gonzalez 模型[106]

$$I_{corr} = I_{O_2} = \frac{n \cdot F \cdot D_c \cdot [O_2]^0 \cdot (A/c)}{A^*} \qquad PS = 100\%$$

$$\lg I_{corr} = \lg I_{corr}^{LC} + K \cdot \frac{PS - PS_{LC}}{PS_{UC} - PS_{LC}} \qquad 100\% \geqslant PS \geqslant 60\%$$

$$I_{corr} \approx 0 \qquad PS \leqslant 60\% \tag{3—11}$$

式中 I_{corr}——钢筋锈蚀锈蚀电流密度

n——反应的电子数;

F——法拉第常数;

D_c——氧气在混凝土中的扩散系数;

$[O_2]^0$——混凝土表面氧气的浓度;

A/c——混凝土表面积和保护层厚度比;

A^*——与混凝土连接的钢筋表面积;

PS——混凝土孔隙水含水率;

$K,PS_{LC},PS_{UC},I_{corr}^{LC}$——实验得出的常数。

该模型依据混凝土孔隙水含水率分为三部分,含水率为100%时,公式由阴极氧扩散控制而推出;含水率低于60%时,认为钢筋不锈蚀;而含水率为60%~100%时,其认为锈蚀电流密度的对数和含水率成线性关系,由实验确定出一些常数,得出锈蚀电流密度和含水率之间的线性方程。

3.1.3.2 宋晓冰模型[107,108]

$$i_a = KR_0 n_C FD_c \frac{[O_2]^0}{C} \frac{S_C}{S_A},$$

$$K = 0.784\,5e^{\left(\frac{-S_C}{11.723S_A}\right)} + 0.319\,6e^{\left(\frac{-S_C}{32.479S_A}\right)}$$

$$\frac{S_C}{S_A} = \begin{cases} -2.82PS + 161.9 & PS < 59 \\ 1.78 + 1.14e^{\left[\frac{-(PS-59.5)}{0.838}\right]} + 0.945e^{\left[\frac{-(PS-59.2)}{10.672}\right]} & 59 \leqslant PS < 75 \\ 2 & PS \geqslant 75 \end{cases} \tag{3—12}$$

式中 i_a——阳极锈蚀电流密度；

K——混凝土电阻影响系数；

n_c——反应的电子数；

F——法拉第常数；

R_0——气体常数；

D_c——氧气在混凝土中的扩散系数；

$[O_2]^0$——混凝土表面氧气的浓度；

C——混凝土保护层厚度；

S_C, S_A——阴、阳极区面积；

PS——混凝土孔隙水含水率。

该模型考虑了混凝土电阻系数、阴阳极面积和混凝土孔隙水含水率几个因素，但其理论公式是依据阴极氧扩散控制推导出的，而阴阳极面积比和孔隙水含水率的关系由实验回归得出。

从上述已建立的钢筋锈蚀速率预计模型中可以看出，这些模型的电化学理论模型基本上都是以钢筋锈蚀速率由氧扩散控制为前提；以 Fick 扩散第一定律、Nernst 方程等理论为基础所建立的，但在实际自然大气环境中，钢筋锈蚀速率并不一定是氧扩散控制；同时在这些模型中均假定混凝土保护层厚度即为钢筋锈蚀电化学反应中所需氧气的扩散厚度，也没有考虑混凝土构件中角部钢筋与中部钢筋锈蚀速率的差异，因此这些理论公式在实际应用时往往要加上多个修正系数，这些修正系数一般根据一定条件下的实验结果得出，这就使得这些理论公式在实际工程中的应用有很大的局限性，同时个别参数的确定也较为困难。

统计模型以实验数据为基础，根据数理统计的基本理论，总结归纳出钢筋锈蚀速率预测模型。由于不同研究者所侧重考虑的因素不同，以及实验数据的离散性的影响等原因，目前所建立的统计模型各不相同，较难形成统一的模式以应用于工程实际。

因此，对于混凝土内钢筋锈蚀速率模型而言，还需从混凝土工程实际出发，全面考虑钢筋锈蚀诱发机理和实际环境条件，建立适用于实际工程的钢筋锈蚀速率模型。

3.2　混凝土保护层氧气的扩散性能

由钢筋锈蚀机理可知,钢筋锈蚀过程中,在阳极区铁分子(Fe)失去电子成为二价铁离子(Fe^{2+}),由钢筋表面进入混凝土孔隙中的水溶液;而电子则沿钢筋传递到阴极,与混凝土孔隙液中溶解的氧气反应,生成氢氧根离子(OH^-)。二价铁离子(Fe^{2+})和氢氧根离子(OH^-)在混凝土中传输相遇结合生成氢氧化亚铁($Fe(OH)_2$),氢氧化亚铁与水中的氧作用可进一步生成氢氧化铁($Fe(OH)_3$)。因此,钢筋锈蚀发生与发展的必要条件之一就是钢筋表面有足够的氧气。钢筋表面的氧气量对钢筋锈蚀的速度起着控制作用,混凝土保护层氧扩散系数是影响混凝土内钢筋锈蚀速率的主要因素之一。

3.2.1　混凝土的微观孔结构与氧气扩散的机理

研究表明[109],大多数硬化后的混凝土是以毛细孔为主要孔隙的多孔体系。一般情况下,随着混凝土内部孔隙率的降低,大毛细孔数量减少,微毛细孔数量增多,混凝土的最可几孔径尺寸减小。吴中伟院士根据孔径尺度将混凝土中孔的孔径分为大于10^3 nm、$10^2\sim10^3$ nm、$10\sim10^2$ nm和小于10 nm四种。美国Mehta认为:大于100 nm的孔(毛细孔)对混凝土渗透性的影响更大。寺村悟等则认为:影响混凝土渗透性的是孔径为10~50 nm的中毛细孔和孔径为$50\sim10^4$ nm的大毛细孔。

从分子运动论的观点看,气体扩散的本质是气体分子不规则热运动的结果。混凝土是一种典型的多孔介质,根据气体在多孔介质中的扩散机理的研究,可以用表示孔隙直径和分子运动平均自由程相对大小的诺森数,见式3—13,将氧气在混凝土中的扩散分为一般的菲克(Fick)型扩散、诺森(Knudsen)型扩散和过渡型扩散三种[110]。

$$K_n = d_0/\lambda_0 \tag{3—13}$$

式中　d_0——孔隙平均直径(m);

λ_0——氧气分子的平均自由程(m)。

当$K_n \geqslant 10$时,孔隙直径远大于氧气分子的平均自由程,这时氧气分子的碰撞主要发生在自由氧气分子之间,而分子和毛细管壁的碰撞机会相对较少,此类扩散仍然遵循菲克定理,称为菲克型扩散;当$K_n \leqslant 0.1$时,分子的平均自由程大于孔隙直径,此时氧气分子和孔隙壁之间的碰撞占主导地位,而分子之间的碰撞退居次要地位,此类扩散不再遵循菲克扩散,而为诺森扩散;当$0.1 < K_n < 10$时,孔隙直径与氧气分子的平均自由程相似,分子之间的碰撞和分子与毛细管壁的碰撞同样重要,此时的扩散是介于菲克型扩散与诺森型扩散之间的过渡型扩散。图3—2是氧气在混凝土中的三种扩散方式的示意图。

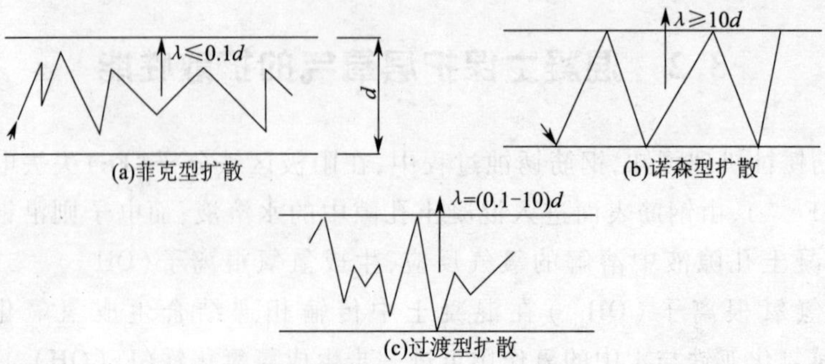

图 3—2　氧气在混凝土中的三种扩散方式示意图

3.2.1.1　菲克型扩散

当 $K_n \geqslant 10$ 时，由于孔隙直径远大于氧气分子的平均自由程，因此扩散是由于氧气分子之间的无规则运动引起的，可以用经典的菲克扩散定律去描述，即

$$J = -D_f \cdot \frac{\partial[O_2]}{\partial x} \tag{3—14}$$

式中　J——氧气通过单位面积的扩散速度（$kg \cdot s^{-1} \cdot m^{-2}$）；

$\frac{\partial[O_2]}{\partial x}$——沿扩散方向的浓度梯度；

D_f——菲克扩散系数（m^2/s）；

$[O_2]$——氧气的浓度（kg/m^2）。

由于孔道是弯曲的各种形状，同时又相互连通，所以扩散路径因孔隙通道的曲折而增长，孔截面收缩可使扩散流动阻力增大，从而使实际的扩散通量减少。考虑以上因素，氧气分子在混凝土内有效扩散系数可定义为

$$D_{fe} = D_f \theta / \tau \tag{3—15}$$

式中　D_{fe}——氧气在混凝土内的有效 Fick 扩散系数（m^2/s）；

θ——有效表面孔隙率；

τ——曲折因子，τ 是为修正扩散路径变化而引入的。

很显然，对于氧气来讲，菲克型扩散的扩散系数大小取决于混凝土本身的孔隙结构特征。

3.2.1.2　诺森型扩散

当 $K_n \leqslant 0.1$ 时，氧气在混凝土中的扩散属于诺森型扩散。根据分子运动论，在半径为 r 的孔隙内，由于壁面的散射而引起的氧气分子扩散系数为

$$D_k = \frac{2}{3} r_0 \sqrt{\frac{8R_0T}{\pi M}} \tag{3—16}$$

式中　D_k——诺森扩散系数；

r_0——孔隙平均半径（m）；

R_0——普适气体常数；

T——绝对温度(K);

M——氧气的分子量。

若考虑有效表面孔隙率、曲折因子半径变化等因素,则有效扩散系数为

$$D_{\mathrm{he}}=\frac{D_{\mathrm{k}}\theta}{\tau}=-\frac{4}{3}\cdot\frac{\theta}{s\rho_0}\sqrt{\frac{8R_0T}{\pi M}}=\frac{8\theta^2}{3\tau s\rho_0}\sqrt{\frac{2R_0T}{\pi M}} \tag{3—17}$$

式中 s——混凝土的比表面积(m^2/kg);

ρ_0——混凝土的密度(kg/m^3)。

从式(3—17)可以看出,诺森扩散系数与混凝土的孔隙结构和温度等有关,而与气体的压力无关。

3.2.1.3 过渡型扩散

当$0.1\leqslant K_n\leqslant 10$时,孔隙直径与氧气分子的平均自由程相近,分子之间的碰撞和分子与毛细管壁的碰撞同样重要,扩散过程受两种扩散机理的制约,在恒压下有效扩散系数与菲克扩散和诺森扩散系数的关系为

$$\frac{1}{D_{\mathrm{Pr}}}=\frac{1}{D_{\mathrm{fe}}}+\frac{1}{D_{\mathrm{ke}}} \tag{3—18}$$

3.2.2 混凝土保护层氧气扩散性能的影响因素

有关氧气在混凝土中扩散系数的资料较少,迄今为止的一些资料大都是通过实验对混凝土的透气系数和氧的扩散系数进行测定[111-114]。研究结果表明,氧气在混凝土中的扩散主要取决于混凝土的水灰比、含水量及外界温度等因素。水灰比是决定混凝土孔结构的重要因素,在一定程度上决定了氧气在混凝土中的扩散速度,水灰比越大,氧气的扩散系数越大;混凝土的含水量对氧气的扩散系数也有重大的影响,含水率越高,混凝土中的孔隙越被水充满,则扩散速度越慢;温度高时,氧分子运动快速,氧气的扩散系数也会相应的增大。养护条件对扩散系数也有很大影响,水中养护时间越短,扩散系数越大,空气中养护的扩散系数约为水中养护28 d的10倍以上。施工质量直接影响混凝土的密实度,施工质量越高,混凝土的密实性越好,相应的扩散系数越小。

Papadakis[111]通过实验对不考虑钢筋锈蚀的混凝土试件氧气扩散系数初始值进行了研究。在不考虑钢筋存在的情况下,通过实验得出了混凝土氧气扩散系数初始值和混凝土平均孔隙率、环境相对湿度的关系式,即

$$D_{\mathrm{c}}=1.92\times10^{-6}\rho^{1.8}(1-RH/100)^{2.2} \tag{3—19}$$

张誉[12,115,116]等人在此基础上,研究了混凝土孔隙率与水灰比的关系,确定了混凝土中氧气扩散系数初始值和混凝土水灰比和空气相对湿度的关系:

$$D_{\mathrm{c}}=9.36\times10^{-7}(w/c-0.34)(1-RH)^{2.2} \tag{3—20}$$

式中 D_c——混凝土中的氧气扩散系数;

w/c——混凝土水灰比;

RH——相对湿度。

牛荻涛[117]以大量实际工程调查结果为基础，建立了二氧化碳在混凝土中的扩散系数与混凝土抗压强度的定量关系，并根据分子运动学的原理，利用氧气和二氧化碳摩尔质量比，得出了混凝土氧气扩散系数与混凝土抗压强度的定量关系：

$$D_c = \left(\frac{32.15}{f_{cuk}} - 0.44\right) \times 10^{-4} \tag{3—21}$$

式中 D_c——混凝土氧气扩散系数(cm^2/s)；

f_{cuk}——混凝土抗压强度标准值(MPa)。

3.2.3 混凝土保护层氧气扩散系数确定

上述混凝土氧气扩散系数初始值的计算公式都没有考虑环境温度的影响，而实际上环境温度对氧气分子的运动速度有着直接影响，因此作者在实验的基础上，研究了混凝土水灰比、空气相对湿度及温度对混凝土氧扩散系数初始值的影响，建立混凝土氧扩散系数初始值的计算模型。

3.2.3.1 实验装置设计及测试原理

由于目前国内还没有直接测试混凝土氧气扩散系数初始值的仪器，所以参照文献[111-114]中介绍的氧扩散测试装置，设计加工了如图3—3所示的实验装置。它主要是由上下两个可以密封的不锈钢座、气体压力计、流量计和氧化锆氧分析器等组成，整个装置比较简单并易于操作。实验时，试件上部通入氧气，下部通入氮气，并保持两边的压力相同。氧气在密封条件下垂直渗透穿过圆柱体试件的端面，沿着试件高度方向的浓度梯度就是气体穿过试件的驱动力，最终的稳态扩散流动取决于试件的扩散系数。

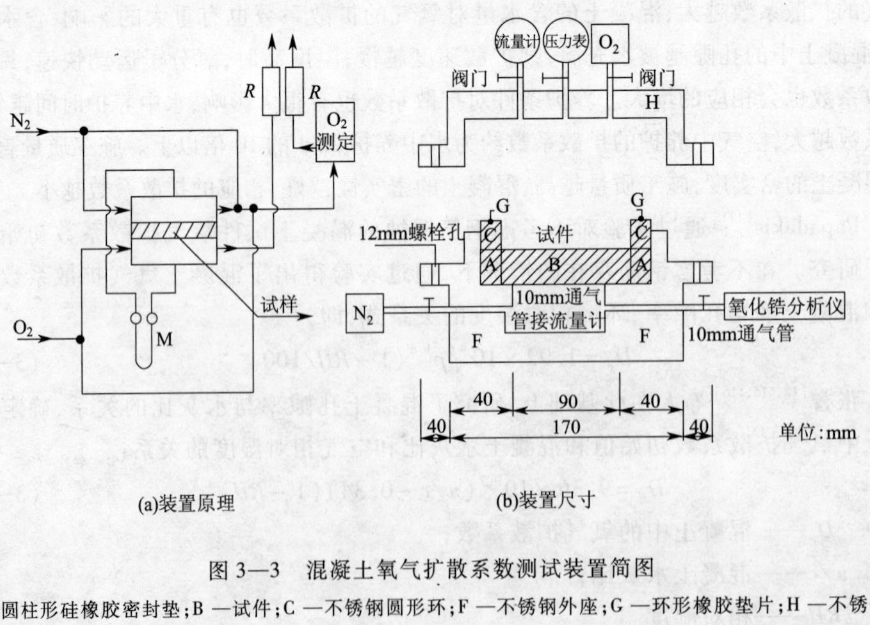

图3—3 混凝土氧气扩散系数测试装置简图

A —圆柱形硅橡胶密封垫；B —试件；C —不锈钢圆形环；F —不锈钢外座；G —环形橡胶垫片；H —不锈钢盖

假设气体的稳态扩散符合 Fick 第一定律,扩散系数即可描述为

$$N_A = -D_A \frac{d[C]}{dx} \tag{3—22}$$

式中 N_A——单位面积上气体 A 单位时间内扩散通过的气体质量流量($mol \cdot m^{-2} \cdot s^{-1}$);

D_A——气体 A 扩散系数(m^2/s);

$[C]$——气体 A 的摩尔浓度(mol/m^3);

$d[C]/dx$——气体 A 在 x 方向上的浓度梯度。

实际上,气体在多孔介质材料中扩散时,由于受到固体介质的阻挡,只能通过孔隙进行,根据多孔材料孔径大小,主要存在 Fick 扩散、Knudsen 扩散和过渡区扩散三种机制,对于混凝土多孔介质材料,其孔分布范围较宽,从凝胶孔、过渡孔到毛细孔甚至粗大孔,其孔径可以从几纳米到几微米甚至毫米级,气体在混凝土中的扩散可能同时存在上述三种机制,实际扩散必然是上述三种扩散的综合结果。因此对于混凝土这样的复杂多孔系统,由于气体扩散时扩散路径迂回曲折,扩散距离远大于两表面垂直距离(如图 3—4 所示),并且不可能确切地知道扩散截面的大小和试件中对应的孔壁扩散长度,因此需引入一个"等效扩散系数"的概念,也就是在混凝土中不以实际扩散的孔隙截面面积和孔壁扩散长度来计算,而是以垂直于扩散方向的总面积和混凝土试件厚度为基础计算的扩散系数。混凝土的等效氧气扩散系数一般记为 D_c,简称为混凝土氧气扩散系数。

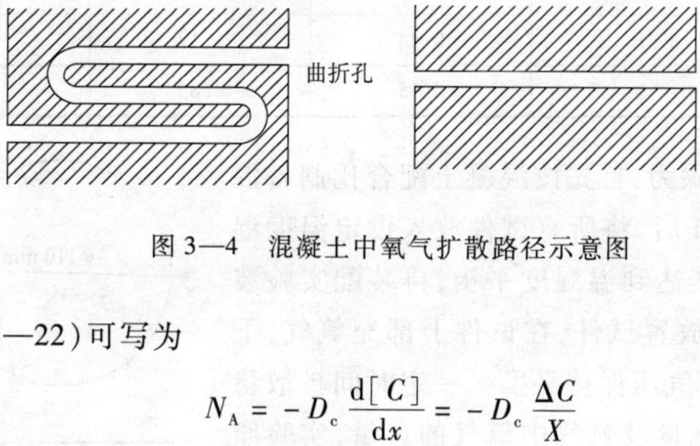

图 3—4　混凝土中氧气扩散路径示意图

于是式(3—22)可写为

$$N_A = -D_c \frac{d[C]}{dx} = -D_c \frac{\Delta C}{X} \tag{3—23}$$

$$D_c = \frac{N_A X}{\Delta C} \tag{3—24}$$

式中 X——混凝土试件厚度(m);

ΔC——试件两侧氧浓度差;

其余符号同前。

所以,在混凝土氧气扩散系数实验测试时,只要测出试件两边的氧气浓度差、试件厚度、再由氮气的流量计数值和氮气中氧气的含量算出单位时间内氧气流量,再根据式(3—24),即可得出混凝土的氧气有效扩散系数,具体公式如下:

$$D_c = \frac{N_A L}{\Delta C} = \frac{F_{N_2} L \cdot \gamma}{S(1-\gamma)} \tag{3—25}$$

式中 D_c——混凝土试件的等效扩散系数(m^2/s)；

F_{N_2}——氮气的流量(m^3/s)；

γ——氮气中氧气的含量的百分比；

S——混凝土试件的表面积(m^2)；

其余符号同前。

因此,根据式(3—25),在不考虑钢筋锈蚀层的影响的前提下,利用图 3—3 所示的装置,即可通过实验得出混凝土氧气扩散系数的初始值。

3.2.3.2 试件设计

根据图 3—3 所示实验装置的要求,试件尺寸设计为直径 110 mm、厚度 25 mm 的圆形混凝土试件,具体尺寸如图 3—5 所示。试件水泥采用 R32.5 普通硅酸盐水泥,粗骨料最大粒径 15 mm,砂为河砂,混凝土配合比见表 3—1。

实验中考虑三种混凝土配合比(表 3—1)、三种环境温度(20 ℃、30 ℃、40 ℃)条件和三种环境相对湿度(75%、85%、95%)条件,具体实验次数根据正交实验的原则确定。

表 3—1 混凝土配合比(质量比)

水灰比	水泥	水	砂	石
0.55	1	0.55	1.75	2.98
0.44	1	0.44	1.17	3.33
0.35	1	0.35	0.85	1.89

实验时具体步骤为:首先按混凝土配合比制备混凝土试件,养护 28 d 后,将所有试件放入设定温度湿度条件下 2 周,让其达到温湿度平衡,再装配实验装置,检查其气密性,放置试件,在试件上部充氧气,下部充氮气,并使上下气压保持平衡。一定时间扩散稳定后,测试氮气的流量及氮气中氧气的含量,实验照片如图 3—6。利用式(3—25)计算试件的氧气扩散系数。

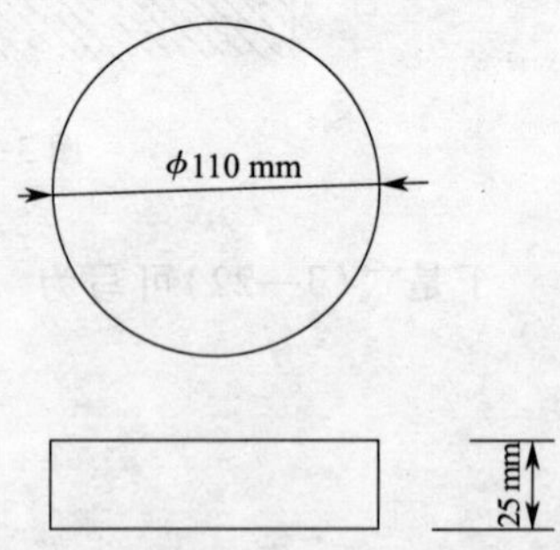

图 3—5 试件尺寸示意图

3.2.3.3 实验结果及讨论

根据实验结果,利用统计分析软件 SPSS 进行多元非线性回归分析[118,119],得出回归方程(3—26),其相关系数为 0.953。

$$D_{c0} = 2.183 \times 10^{-9}\,(w/c)^{2.346}\,T_c^{\,0.423}\,RH^{-3.247} \tag{3—26}$$

式中 D_{c0}——混凝土试件的氧气扩散系数的初始值(m^2/s)；

w/c——混凝土水灰比；

T_c——环境温度(℃);

RH——环境相对湿度(%)。

图 3—6　实验装置照片

由式(3—26),在其他条件不变的情况下,混凝土氧气扩散系数初始值随混凝土水灰比、环境相对湿度及环境温度的变化关系曲线如图 3—7 所示。从图 3—7(a)可以看出,随着混凝土水灰比的增大,混凝土氧气扩散系数初始值迅速增大,水灰比从 0.35增加到 0.75,混凝土氧扩散系数增大约 6 倍;从图 3—7(b)可以看出,随着环境相对湿度的增大,混凝土氧气扩散系数迅速减小,并且相对湿度趋近 100% 时,混凝土氧气扩散系数值趋近于定值,环境相对湿度从 100% 减少到 50%,混凝土氧扩散系数增大约 10 倍;从图 3—7(c)可以看出,随着环境温度的增大,混凝土氧气扩散系数较缓慢地增大,温度从 10℃增大到 60℃,混凝土氧扩散系数增大约 2 倍。因此说,混凝土氧扩散系数是受环境相对湿度、混凝土水灰比和环境温度交互影响作用的,其中环境相对湿度对混凝土氧气扩散系数影响最明显,混凝土水灰比次之,环境温度的影响最后。

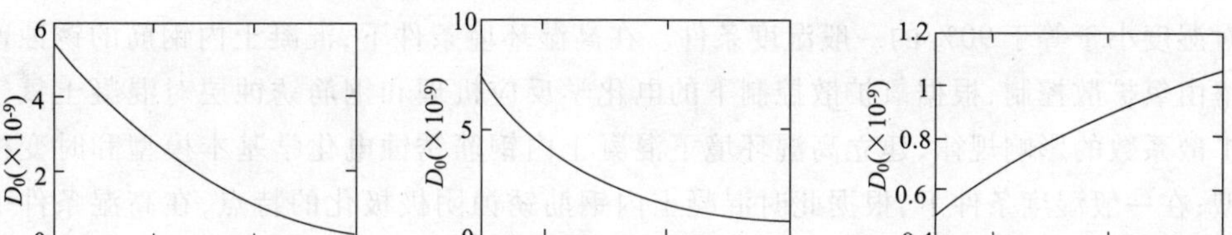

(a) 水灰比 (T=30℃,RH=95%)　(b) 相对湿度(w/c=0.35,T=30℃)　(c) 温度(w/c=0.35,RH=95%)

图 3—7　混凝土氧气扩散系数和混凝土水灰比、环境相对湿度、温度关系图

3.3　不同湿度环境下钢筋锈蚀速率的控制过程

3.3.1　钢筋锈蚀速率主要控制过程

由前述钢筋锈蚀的电化学机理可知,混凝土中钢筋锈蚀属于吸氧腐蚀,在不同的

环境条件下，混凝土中钢筋锈蚀速率的控制步骤一般可分为三种类型：阴极氧扩散控制、阳极离子化控制和电阻控制[103,120,121]。在实际使用环境中，混凝土构件中钢筋锈蚀的过程具体是由三种控制中的哪一个来控制，这和混凝土自身材料以及环境条件等因素有关，并且会随环境条件的变化而发生变化。大量研究表明，混凝土材料相同时，钢筋锈蚀速率和混凝土的含水率关系密切，研究认为在混凝土含水率大于75%（对应于空气相对湿度大于90%）的高湿条件下，钢筋的锈蚀速率主要由阴极氧扩散控制，而当混凝土含水率小于75%（空气相对湿度小于90%）时，钢筋的锈蚀速率为阳极离子化控制；而随着环境湿度的继续减小，混凝土的不断干燥，混凝土电阻控制与阳极控制将共同起作用[99,120,121]。

另外，根据第2章碱性环境中吸氧腐蚀的特点可以知道，在混凝土氧气扩散系数、环境其他条件都相同的情况下，氧扩散控制下腐蚀体系的氧极限扩散电流是该锈蚀体系最大的锈蚀速率（图3—8中 $I_{\lim}^{O_2}$），而在非氧扩散控制的情况下，考虑阳极极化和混凝土电阻的影响后，锈蚀体系的锈蚀电流 I_{corr} 应小于氧扩散的极限电流密度，如图3—8所示。

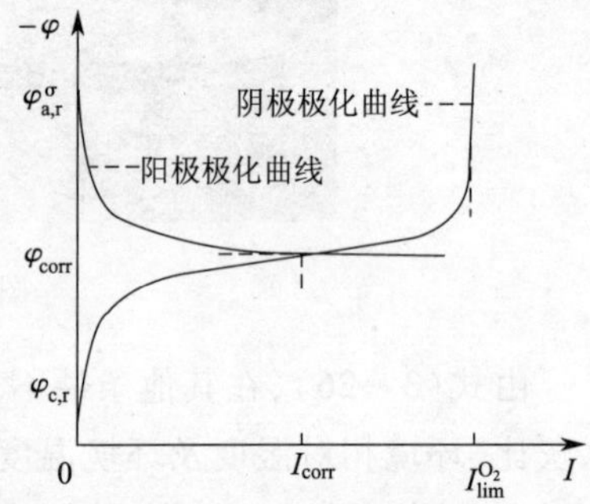

图3—8　钢筋锈蚀极化曲线示意图[58]

3.3.2　不同湿度环境中钢筋锈蚀速率模型建立主要思路

在研究混凝土内钢筋锈蚀速率，建立钢筋锈蚀速率模型时，必须考虑到环境因素的改变而引起的钢筋锈蚀速率控制过程的改变。本书根据目前研究成果，将混凝土内钢筋锈蚀的环境条件划分为两种类型，即环境相对湿度大于90%的高湿条件和相对湿度小于等于90%的一般湿度条件。在高湿环境条件下，混凝土内钢筋的锈蚀速率由氧扩散控制，根据氧扩散控制下的电化学反应机理和钢筋锈蚀层对混凝土氧气扩散系数的影响规律，建立高湿环境下混凝土内钢筋锈蚀电化学基本模型和时变模型；在一般湿度条件下，根据此时混凝土内钢筋锈蚀阴极极化的特点，在高湿条件下所推导基本模型的基础上，考虑混凝土电阻对钢筋锈蚀速率的影响，建立一般湿度条件下钢筋锈蚀速率模型。

3.4　高湿环境下钢筋锈蚀速率基本模型

3.4.1　高湿环境下钢筋与混凝土界面区结构特征及氧气传输过程

混凝土的微观结构和物相比较复杂，从材料学角度讲，钢筋混凝土是以钢筋、骨料为增强组分，由水泥、水、骨料经搅拌、浇捣和硬化过程而形成的一种水硬性的人造宏观非均质复合材料[122]。由于混凝土中各种组分的不均匀性以及成形时不可能完全密实等原因，混凝土中存在着大量的孔隙结构，特别是在钢筋与混凝土接触的界面区域，由于在混凝土浇筑过程中钢筋表面会形成一层水膜，这将导致钢筋与混凝土界面的混凝土孔隙率增大；同时，受钢筋影响，钢筋周围的混凝土浇捣往往不太密实，再加之施工质量的影响，使得钢筋与混凝土之间存在较大的孔隙。牟艳君[124]利用 SEM 技术对混凝土与钢筋的界面区进行了研究，图 3—9 是混凝土与钢筋界面区的 SEM 照片。

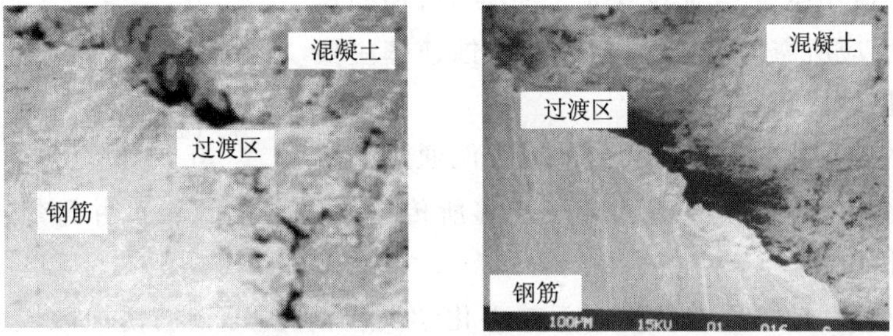

（a）不密实的界面区　　（b）局部孔洞的界面区

图 3—9　钢筋与混凝土之间界面区[124]

在外界环境湿度较高的条件下，空气中的水蒸气将通过混凝土内部的孔隙逐渐向钢筋与混凝土的界面区传递，并在毛细吸附等因素的作用下，在混凝土与钢筋的界面区中逐渐凝结而使界面区充满液态水，此时界面区附近的结构可以近似表示为图 3—10 所示的形式。在这种情况下，钢筋锈蚀电化学反应所需要的氧气要到达钢筋表面，则需经过如下的过程：

（1）空气中的氧气经过混凝土内孔隙 *AB* 段到达 *B* 点，此过程主要是氧气在混凝土内的扩散过程，其扩散速度由混凝土氧气扩散系数决定，实际混凝土构件中 *AB* 段不可能为直线段，多数情况下是由复杂的曲线孔隙组成的，孔隙大小与混凝土内部结构紧密相关。

（2）氧气到达 *B* 点后，要先溶解在 *BC* 段的水中，通过对流等方式传递到 *C* 点。

（3）氧气又通过扩散的方式由 *C* 点到达钢筋表面 *D* 点，从而参与钢筋锈蚀的电化学反应。

因此，混凝土内钢筋锈蚀时所需的氧气从混凝土的表面到达钢筋表面要经过扩散→溶解→扩散的过程，在这个过程中氧气的浓度和存在状态都在不断发生变化，即氧气浓度要从混凝土构件外空气中氧气的浓度$[O_2]^0$，经过 *AB* 段混凝土的孔隙扩散至 *B* 点而变为浓度$[O_2]^1$；在混凝土孔隙内 *B* 点处氧气要溶解在液态的孔隙水中，氧气的浓度变为孔隙水中浓度$[O_2]^c$，之后氧气在孔隙水中传递到 *C* 点，再经过孔隙 *CD* 段的扩散到达 *D* 点，如果钢筋表面的氧气均被钢筋锈蚀电化学反应所消耗，于是从混凝土构件表面至钢筋表面氧气浓度的变化可用曲线 *abcd* 来表示（图 3—10）。在这种高湿环境下，钢筋周围存在钢筋锈蚀电化学反应所需的水和氧气，而充足的水和氧气正是钢筋锈蚀电化学反应和反应产物生成后离子扩散的必须条件，所以不密实的界面区结构为初始阶段钢筋的锈蚀提供了基本条件。

3.4.2 模型的基本假定

模型的基本假定如下：

(1)混凝土中钢筋锈蚀属于吸氧腐蚀，高湿条件下，即环境中空气相对湿度大于90%时，钢筋锈蚀电化学反应所需的水充足，钢筋的锈蚀速率主要由阴极氧扩散控制。

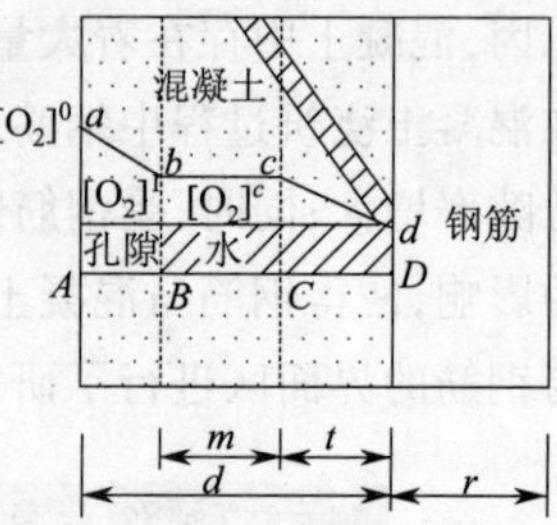

图 3—10 混凝土保护层内氧气扩散与浓度分布示意图

(2)锈蚀电化学反应所需要的氧只能通过扩散的方式供给(忽略由于对流和离子迁移所传递的很少量的氧)，并且氧气扩散遵循Fick第一扩散定律。

(3)钢筋锈蚀表面的氧气全部被电化学反应消耗，即钢筋锈蚀区域表面的氧气浓度近似等于零。

3.4.3 基本模型的推导

如图3—10所示，设混凝土构件外空气中氧气的浓度为$[O_2]^0$，其经过AB段混凝土扩散至B点时的浓度为$[O_2]^1$；设BC段长度为m，同时设BC段中氧气的浓度为$[O_2]^c$并保持不变；设CD段长度为t_w，而在D点钢筋锈蚀反应发生的钢筋表面上假设氧气全部消耗，即在D点氧气浓度为零。根据金属腐蚀学基本理论，在钢筋锈蚀速率为阴极氧扩散控制的前提下，其阴极锈蚀极限电流密度i_c为

$$i_c = n_c F D_{O_2} \frac{[O_2]^c}{t_w} \tag{3—27}$$

式中 i_c——阴极锈蚀极限电流密度(A/m^2)；

n_c——阴极反应单位氧的电子数，$n_c=4$；

F——法拉第常数，$F=96\,500C/mol$；

D_{O_2}——氧气在钢筋周围孔隙水中的扩散系数(m^2/s)；

t_w——混凝土孔隙水中氧气扩散层厚度(m)，厚度一般为0.1~0.5 mm；

$[O_2]^c$——混凝土孔隙水中BC段水溶液中氧气的浓度(mol/m^3)，它等于水B点外氧气浓度乘以氧气的溶解度，即

$$[O_2]^c = \alpha [O_2]^1 \tag{3—28}$$

其中 α——氧气在水中溶解度，其值一般为0.025~0.028，

$[O_2]^1$——混凝土孔隙内液态水外边缘(B点)的氧气浓度。

假设钢筋锈蚀所消耗的氧全部由表面积为A_c混凝土表面向内输送，由于氧气在混凝土中扩散符合Fick扩散定律，并假设扩散是线性的，则在单位时间内通过A_c扩散到混凝土内氧气的含量N_{O_2}为

$$N_{O_2}=D_c\frac{[O_2]^0-[O_2]^1}{c-m-t_w}A_c \tag{3—29}$$

式中 D_c——氧气在混凝土中的扩散系数(m^2/s)；

$[O_2]^0$——混凝土构件外部氧气的浓度(mol/m^3)，近似等于大气中氧气浓度，其值一般为8.67 mol/m^3；

A_c——影响钢筋锈蚀的混凝土透氧表面积(m^2)；

c——钢筋的混凝土保护层厚度(m)；

其余符号同前。

在稳态锈蚀情况下，假设钢筋表面氧气浓度为零(全部参与反应)，则单位时间内钢筋锈蚀表面 A_s 上钢筋锈蚀电化学反应所消耗的氧气量应为

$$N'_{O_2}=D_{O_2}\frac{[O_2]^c}{t_w}A_s \tag{3—30}$$

又因为 $N'_{O_2}=\alpha N_{O_2}$，则

$$D_{O_2}\frac{[O_2]^c}{t_w}A_s=\alpha D_c\frac{[O_2]^0-[O_2]^1}{c-m-t_w}A_c \tag{3—31}$$

在将(3—28)代入式(3—31)，于是

$$[O_2]^c=\frac{\alpha D_c A_c t_w[O_2]^0}{D_{O_2}A_s(c-m-t_w)+D_c A_c t_w} \tag{3—32}$$

将式(3—32)代入式(3—27)，于是阴极锈蚀极限电流密度为

$$i_c=\alpha\cdot n_c F D_{O_2}D_c\frac{A_c[O_2]^0}{D_{O_2}A_s(c-m-t_w)+D_c A_c t_w} \tag{3—33}$$

于是，阴极锈蚀极限电流为

$$I_c=i_c S_c=\alpha\cdot n_c F D_{O_2}D_c\frac{A_c[O_2]^0}{D_{O_2}A_s(c-m-t_w)+D_c A_c t_w}S_c \tag{3—34}$$

式中 S_c——钢筋锈蚀阴极面积(m^2)。

再根据阴阳极电流相等的关系，可得出

$$I_c=i_c S_c=I_a=i_a S_a \tag{3—35}$$

因此，钢筋阳极的锈蚀电流即为

$$I_a=i_a S_a=\alpha\cdot n_c F D_{O_2}D_c\frac{A_c[O_2]^0}{D_{O_2}A_s(c-m-t_w)+D_c A_c t_w}S_c \tag{3—36}$$

于是阳极的锈蚀电流密度即为

$$i_a=\alpha\cdot n_c F D_{O_2}D_c\frac{A_c[O_2]^0}{D_{O_2}A_s(c-m-t_w)+D_c A_c t_w}\frac{S_c}{S_a} \tag{3—37}$$

式中 I_a——钢筋阳极锈蚀电流(A)；

i_a——阳极锈蚀电流密度(A/m^2)；

S_a——钢筋锈蚀阳极面积(m^2)；

其余符号意义同前。

另外,根据金属腐蚀学研究的结论可知[13,14],即使金属在液态溶液中锈蚀,在金属电化学反应面附近,氧气以扩散为主要方式到达金属表面的扩散层厚度一般也只在 0.1 ~0.5 mm。因此,在实际的混凝土构件中,氧气在混凝土孔隙水中的扩散长度也不大,为简化计算,此时可忽略 BD 段的长度(图 3—10),即假设 $m=0$、$t_w=0$,则式(3—36)和(3—37)可以简化为

$$I_a=\alpha\cdot n_c FD_c\frac{A_c[O_2]^0}{A_s c}S_c \tag{3—38}$$

$$i_a=\alpha\cdot n_c FD_c\frac{A_c[O_2]^0}{A_s c}\frac{S_c}{S_a} \tag{3—39}$$

又因为钢筋锈蚀时,混凝土表面的透氧面积等于沿混凝土构件截面的透氧范围的长度和钢筋长度的乘积,而钢筋的面积等于钢筋的周长乘上钢筋长度,即

$$A_c=L_c\cdot l\qquad A_s=\pi dl \tag{3—40}$$

式中 L_c——沿混凝土构件截面透氧范围的长度(简称透氧长度);

l——钢筋长度;

d——钢筋直径。

将式(3—40)代入式(3—39),于是式(3—39)简化为

$$i_a=\alpha\cdot n_c FD_c\frac{A_c[O_2]^0}{A_s c}\cdot\frac{S_c}{S_a}=\alpha\cdot n_c FD_c\frac{L_c[O_2]^0}{\pi dc}\cdot\frac{S_c}{S_a} \tag{3—41}$$

式中 i_a——阳极电流密度(A/m^2);

α——氧气在水中溶解度,其值一般为 0.025 ~0.028;

n_c——阴极反应单位氧的电子数,$n_c=4$;

F——法拉第常数,$F=96500C/mol$;

D_c——氧气在混凝土中的扩散系数(m^2/s);

$[O_2]^0$——混凝土构件外部氧气的浓度(mol/m^3),近似等于大气中氧气浓度,其值一般为 8.67 mol/m^3;

A_c——影响钢筋锈蚀的混凝土透氧表面积(m^2);

A_s——钢筋锈蚀表面积(m^2);

c——钢筋的混凝土保护层厚度(m);

S_c——钢筋锈蚀阴极面积(m^2);

S_a——钢筋锈蚀阳极面积(m^2);

d——钢筋直径(m);

L_c——沿混凝土构件截面透氧范围的长度,简称透氧长度(m)。

3.4.4 影响钢筋锈蚀的混凝土透氧长度的确定

钢筋锈蚀开始时,钢筋表面四周的氧气首先被消耗,钢筋周围混凝土内的氧气要

向钢筋表面扩散传递；随着钢筋表面氧气的不断被消耗，钢筋周围更大范围混凝土内的氧气都要向钢筋表面扩散。如图 3—11 所示，假设空气氧气只从混凝土保护层一侧扩散至钢筋表面，当钢筋锈蚀所消耗氧气的范围达到以保护层厚度为半径的圆周($A'B'C$)时；则在混凝土表面 C 点的氧气浓度要大于 $A'C$、$B'C$ 弧上其他点的氧气浓度，因此钢筋锈蚀所要消耗的氧气主要由 C 点附近混凝土表面来供给，弧 $A'C$、$B'C$ 以外其他点，特别是线 AA'和 BB'以外的部分，对钢筋锈蚀消耗氧气的供给作用较小，因此可以认为混凝土表面 AB 范围的尺寸即为混凝土透氧长度。按照上述确定混凝土透氧长度的方法，同时考虑钢筋间距的影响以及实际混凝土构件中配筋的特点，以中部钢筋和角部钢筋分别确定其混凝土透氧长度。

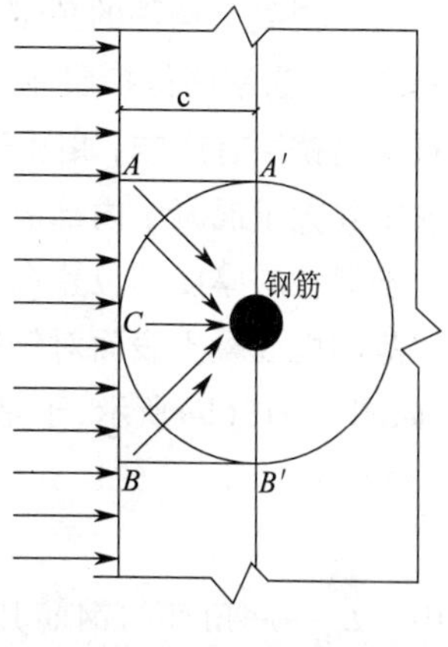

图 3—11　透氧长度示意图

3.4.4.1　中部钢筋

对于中部钢筋，当钢筋间距 $s \leqslant 2c$(c 为混凝土保护层厚度)时，由于中部钢筋两侧钢筋锈蚀时消耗氧气的几率相等，混凝土表面的透氧范围长度可认为是其两侧钢筋间距范围的混凝土对钢筋锈蚀有影响，如图 3—12(a)所示；而当中部钢筋间距 $s > 2c$ 时，由于混凝土保护层外氧气的浓度要大于混凝土内部氧气的浓度，根据气体扩散的规律，氧气由钢筋两侧大于保护层厚度的位置向钢筋传输要比从保护层外部向钢筋传递困难得多，此时可以认为钢筋两侧等于混凝土保护层厚度的尺寸范围内混凝土表面对钢筋锈蚀有影响，其余部分的表面传输的氧对钢筋锈蚀无影响，如图 3—12(b)所示，于是在混凝土构件中部的钢筋其透氧范围长度 L_{cz} 为

$$\begin{cases} L_{cz} = (s + 2r) & s \leqslant 2c \\ L_{cz} = (2c + 2r) & s > 2c \end{cases} \tag{3—42}$$

式中　L_{cz}——中部的钢筋其透氧范围长度；

s——钢筋间距；

r——钢筋半径；

c——钢筋保护层厚度。

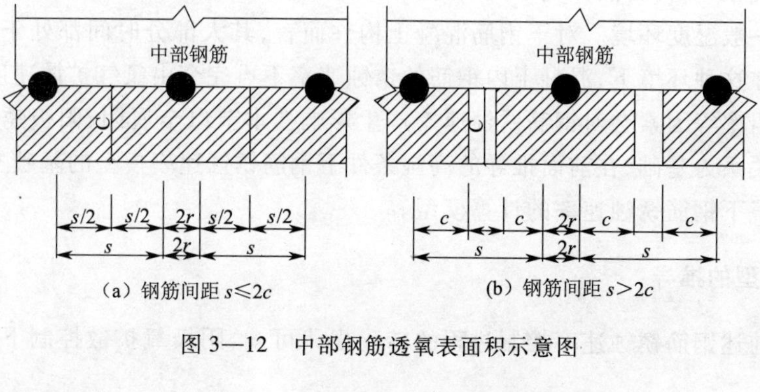

图 3—12　中部钢筋透氧表面积示意图

3.4.4.2　角部钢筋

对于混凝土构件的角部钢筋，氧气可以从两个方向扩散至钢筋表面，同样当钢筋间距 $s \leqslant 2c$（c 为钢筋保护层厚度）时，透氧范围长度可认为是其两侧钢筋间距范围的混凝土对钢筋锈蚀有影响，如图 3—13（a）所示；钢筋间距 $s>2c$ 时，同样由于保护层外氧气的浓度要大于混凝土内部氧气的浓度，氧气由保护层处扩散至钢筋表面要比从钢筋两侧大于保护层厚度的位置向钢筋传输容易，此时同样认为钢筋两侧等于保护层厚度的尺寸范围内混凝土表面对钢筋锈蚀有影响，其余部分的表面传输的氧对钢筋锈蚀无影响，如图 3—13（b）所示，于是在混凝土构件角部的钢筋其透氧范围长度 L_{ej} 为

$$\begin{cases} L_{ej} = (s + 2c + 4r) & s \leqslant 2c \\ L_{ej} = (4c + 4r) & s > 2c \end{cases} \tag{3—43}$$

式中　L_{ej}——角部的钢筋其透氧范围长度；

s——钢筋间距；

r——钢筋半径；

c—钢筋保护层厚度。

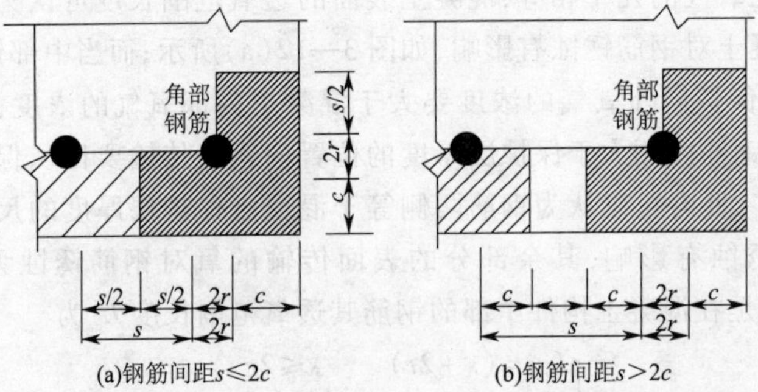

图 3—13　角部钢筋透氧表面积示意图

3.5　一般湿度环境中钢筋锈蚀速率模型

根据气象资料，自然环境中大气的相对湿度一般为 60%～90%，在此将这一湿度范围称为一般湿度环境。对于钢筋混凝土构件而言，其大部分时间都处于一般湿度环境中。在这种环境下，混凝土内钢筋的锈蚀速率不再完全由氧气扩散速度所决定，混凝土电阻率等因素会对钢筋锈蚀速率产生影响。本节以金属阴、阳极锈蚀极化曲线的变化关系为基础，在前面推导的高湿条件下钢筋锈蚀速率模型的基础上，建立一般湿度环境下钢筋锈蚀速率的计算模型。

3.5.1　模型的推导

根据前述钢筋锈蚀速率控制过程的转化规律可知，阴极氧扩散控制下的钢筋锈

蚀电流密度为极限扩散电流密度，在其他条件不变的情况下，它是该锈蚀体系最大的锈蚀速率，而在非氧扩散控制的情况下，考虑阳极极化和混凝土电阻的影响后，锈蚀体系的锈蚀电流强度 I_{al} 应小于氧扩散控制时的极限电流强度 I_d，如图 3—14(a)所示。

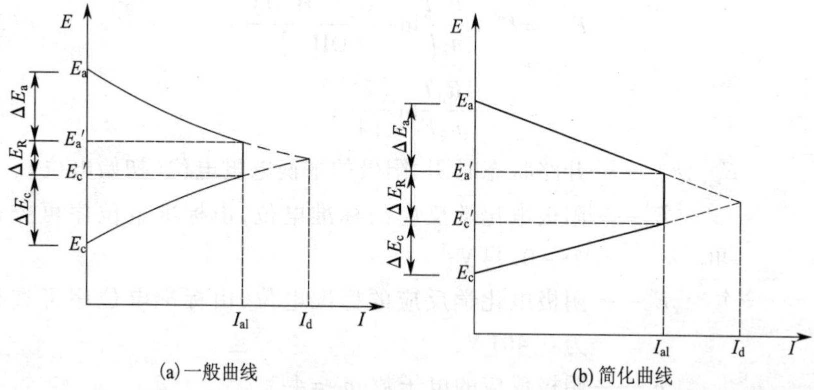

图 3—14　阳极及混凝土电阻控制下极化曲线示意图

将钢筋锈蚀时阴阳极的极化曲线均近似为直线，于是图 3—14(a)所示的在的钢筋锈蚀极化图可以简化为图 3—14(b)所示的形式，再假设它们延长线交点处的电流强度仍为氧扩散控制时的极限电流 I_d，于是此时钢筋阳极锈蚀电流强度为 I_{al} 为

$$\frac{I_d - I_{al}}{I_d} = \frac{\Delta E_R}{E_{e,c} - E_{e,a}} = \frac{I_{al} R_{com}}{\Delta E} \tag{3—44}$$

所以

$$I_{al} = \frac{\Delta E I_d}{\Delta E + R_{com} I_d} \tag{3—45}$$

于是

$$i_{al} = \frac{I_{al}}{S_a} = \frac{\Delta E I_d}{(\Delta E + R_{com} I_d) S_a} \tag{3—46}$$

式中　i_{al}——一般湿度环境下钢筋锈蚀电流密度(A/m^2)；

I_{al}——一般湿度环境下钢筋锈蚀电流强度(A)；

$E_{e,c}$、$E_{e,a}$——分别为阴极和阳极电化学反应平衡电位(V)；

ΔE——阳极和阴极初始电位差(V)；

R_{com}——阴、阳极间混凝土电阻(Ω)；

S_a——钢筋锈蚀阳极面积(m^2)；

I_d——高湿条件下氧扩散控制时钢筋锈蚀电流强度(A)，其值可由式(3—41)确定。

3.5.2　模型中主要参数的确定

3.5.2.1　钢筋锈蚀阴、阳极间电位差 ΔE 的确定

由上述推导可知，阴、阳极间初始电位差由钢筋锈蚀电化学反应阴阳极的平衡电

位所决定。混凝土内钢筋锈蚀时,锈蚀阴极、阳极的离子反应一般为

$$O_2 + 2H_2O + 4e \rightarrow 4OH^- \tag{3—47}$$

$$F_e - 2e \rightarrow F_e^{2+} \tag{3—48}$$

根据 Nernst 方程[125,126],此时钢筋锈蚀电化学反应阴极与阳极平衡电位分别为

$$E_{e,c} = E_c^0 + \frac{R_0 T}{n_c F}\ln\frac{[O_2][H_2O]^2}{[OH^-]^4} \tag{3—49}$$

$$E_{e,a} = E_a^0 + \frac{R_0 T}{n_a F}\ln\frac{[F_e^{2+}]}{[F_e]} \tag{3—50}$$

式中 $E_{e,c}, E_{e,a}$——开路状态时阴、阳极的平衡电极电位(初始电位);

E_a^0——阳极电化学反应的标准电位,由标准电位序可查得其值为 -0.44 V;

E_c^0——阴极电化学反应的标准电位,由标准电位序可查得其值为 0.401 V;

n_c——阴极反应的电子数,$n_c = 4$;

n_a——阳极反应的电子数,$n_a = 2$;

F——法拉第常数,F = 96 500 C/mol;

R_0——气体常数(8.314J/K);

T——绝对温度(K);

$[O_2],[H_2O],[OH^-]$——O_2、H_2O、OH^- 的浓度,$[H_2O] = 1$;

$[F_e],[F_e^{2+}]$——F_e、F_e^{2+} 的浓度,F_e 为单质,因此$[F_e] = 1$。

钢筋锈蚀时,参与钢筋阴极反应的氧气首先要溶于水,因此钢筋阴极反应中氧的浓度近似等于水中氧气的浓度,其浓度值可由空气中氧气浓度乘以氧气在水中的溶解度近似的得到,即

$$[O_2] = \alpha[O_2]^0 \tag{3—51}$$

式中 α——氧气在水中溶解度;

$[O_2]^0$——空气中氧气浓度。

由 pH 值的定义可知:$\lg[OH^-] = pH - 14$,钢筋锈蚀时混凝土的 pH 值一般为 8~12,取 pH = 10,并设氧气在水中溶解度 $\alpha = 0.025$,空气中氧气浓度为 8.67 mol/m³,于是式(3—49)可以简化为

$$E_{e,c} = 0.401 + 7.61 \times 10^{-4} T \tag{3—52}$$

又根据文献[5,126]的研究,可知 $\lg[F_e^{2+}] \approx -11.73 \sim -4.73$,取其中间值,即设 $\lg[F_e^{2+}] = -8.23$,于是式(3—50)可以简化为

$$E_{e,a} = -0.44 - 8.16 \times 10^{-4} T \tag{3—53}$$

于是钢筋锈蚀阴阳极间初始电位差 ΔE 为

$$\Delta E = E_c^0 + \frac{RT}{n_c F}\ln\frac{[O_2][H_2O]^2}{[OH^-]^4} - \left(E_a^0 + \frac{RT}{n_a F}\ln\frac{[F_e^{2+}]}{[F_e]}\right)$$

$$=0.841+1.58\times10^{-3}T \quad (3—54)$$

由于在实际工程中一般习惯用摄氏温度 T_c 来表示环境的温度，根据绝对温度和摄氏温度的换算关系：

$$T=273+T_c \quad (3—55)$$

代入式(3—54)，于是钢筋锈蚀阴阳极间的初始电位差为

$$\Delta E=1.27+1.58\times10^{-3}T_c \quad (3—56)$$

式中 ΔE——钢筋锈蚀阴阳极间初始电位差；

T_c——环境摄氏温度(℃)。

3.5.2.2 钢筋锈蚀阴阳极间混凝土电阻 R 的确定

(1)混凝土的电阻率的确定

混凝土电阻率和混凝土孔隙率(水灰比)、Cl^- 含量、含水量(环境湿度)以及环境温度等因素有关，弓国军[127]等人在常温下(25 ±2)℃，通过实验数据回归分析得出了含氯盐混凝土试件的电阻率计算公式：

$$\rho_{con}=k\cdot(k_{Cl^-}-1.8)+100(RH-1)^2+40 \quad (3—57)$$

式中 ρ_{con}——混凝土电阻率(Ω · m)；

k——和混凝土水灰比相关的系数，混凝土水灰比在 0.3 ~0.4 时，$k=-11.1$；水灰比在 0.5 ~0.6 时，$k=-5.6$；

k_{Cl^-}——Cl^- 含量(占水泥质量的百分比)；

RH——混凝土所处环境的相对湿度，取 40% ~100%。

式(3—57)没有考虑温度对混凝土电阻率的影响，但事实上温度对混凝土电阻率也有明显影响；在环境湿度(混凝土含水量)恒定的条件下，混凝土电阻率将随温度升高而减小，随温度的降低而增大[128]。R. Polder[129]研究表明混凝土的电导率随温度的变化也遵循 Arrhenius 方程，即

$$G(T_i)=G(T_0)\exp\left[b\left(\frac{1}{T_0}-\frac{1}{T_i}\right)\right] \quad (3—58)$$

式中 $G(T_i)$——温度 T'_i 时的电导率($1\cdot\Omega^{-1}\cdot m^{-1}$)；

$G(T_0)$——温度 T'_0 时的电导率($1\cdot\Omega^{-1}\cdot m^{-1}$)；

T_i——实际绝对温度(K)；

T_0——参考绝对温度(K)；

b——经验参数(K)，在稳定状态情况下，其值为 1 500 ~4 500。

由于式(3—57)是在参考温度为 25 ℃下的结果，根据绝对温度和摄氏温度的关系，可得 $T_0=25+273=298$(K)，将式(3—58)代入式(3—57)，利用混凝土电阻率和电导率互为倒数的关系，并取 b =3 000，同时将实际温度以摄氏温度(℃)为单位代入，即可得出考虑温度影响后的混凝土电阻率计算方法：

$$\rho_{con}=[k\cdot(k_{Cl^-}-1.8)+100(RH-1)^2+40]\cdot\exp\left[3000\left(\frac{1}{T_c+273}-\frac{1}{298}\right)\right] \quad (3—59)$$

式中 ρ_{con}——混凝土电阻率($\Omega \cdot m$);

k——和混凝土水灰比相关的系数,混凝土水灰比在 0.3 ~0.4 时,$k = -11.1$;水灰比在 0.5 ~0.6 时,$k = -5.6$;

k_{Cl^-}——Cl^- 含量(占水泥质量的百分比);

RH——混凝土所处环境的相对湿度,取 40% ~100%;

T_c——环境摄氏温度(℃)。

(2)阴、阳极间混凝土电阻的计算

钢筋锈蚀发生时,正在锈蚀的阳极区与不锈蚀的阴极区之间具有电位差($E_c - E_a$),阴、阳极间构成一个短路的锈蚀电偶;钢筋锈蚀阳极产生的电子经过钢筋进行传递和流动,而铁离子和氢氧根离子则要通过混凝土进行传递和流动。这种电子流和离子流,耦合成一个电场,如图 3—15 所示。

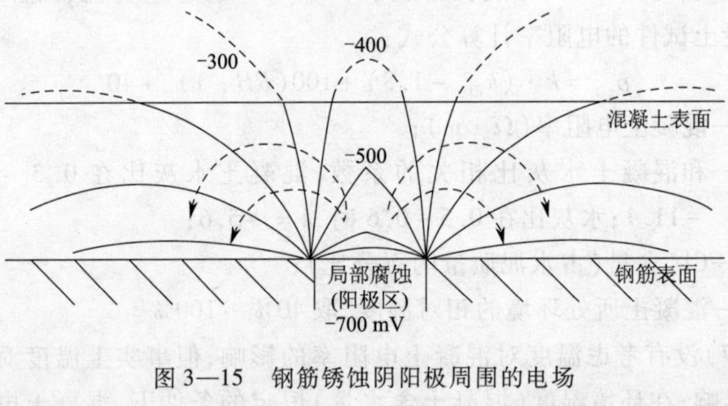

图 3—15 钢筋锈蚀阴阳极周围的电场

将钢筋锈蚀的阴、阳极分布情况简化为如图 3—16 所示的情况,并假设阴极区中心至阳极区中心的距离为 l,假定阴、阳极中心间混凝土电阻即为钢筋锈蚀的阴、阳极间电阻,并假定钢筋周围尺寸为 a 的范围内的混凝土对电流有影响(如图 3—16(b)所示),于是

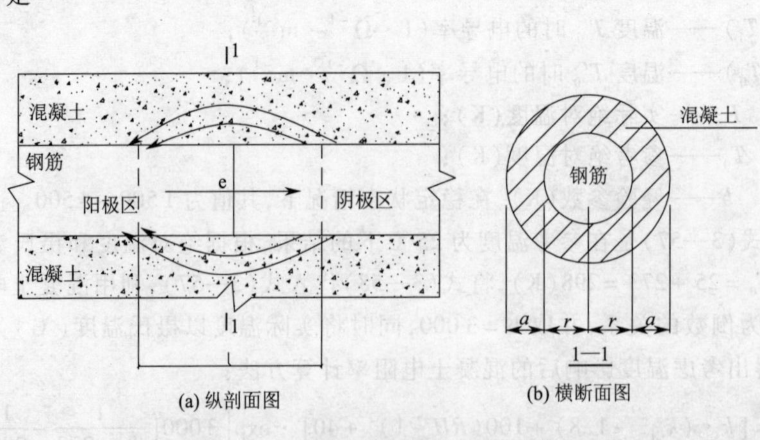

图 3—16 阴阳极间混凝土电阻示意图

$$R=\rho_{con}\frac{l}{S}=\rho_{con}\frac{l}{\pi[(r+a)^2-r^2]} \tag{3—60}$$

式中 R——阴阳极间混凝土电阻(Ω)；

S——影响钢筋锈蚀的混凝土区域的截面面积；

ρ_{con}——混凝土电阻率(Ω·m)，由式(3—59)计算；

l——阴阳极间距离(m)；

r——钢筋半径(m)；

a——影响钢筋锈蚀的混凝土区域的大小。

因此，如果确定了影响钢筋锈蚀的混凝土区域 a 值的大小和混凝土的电阻率，应用式(3—60)即可确定阴阳极间混凝土电阻。

文献[124]通过电镜扫描的方法，研究了钢筋与混凝土间过渡区的结构和钢筋锈蚀后锈蚀层的分布情况，如图 3—17 所示。研究表明，在钢筋与混凝土之间的过渡区存在较大的孔隙，并且钢筋锈蚀后会在钢筋与混凝土过渡区附近形成导电性能较好的锈蚀层[126]，这样由于孔隙中水和铁锈成分的存在，使得钢筋周围小范围内混凝土的电阻比远处混凝土电阻小。

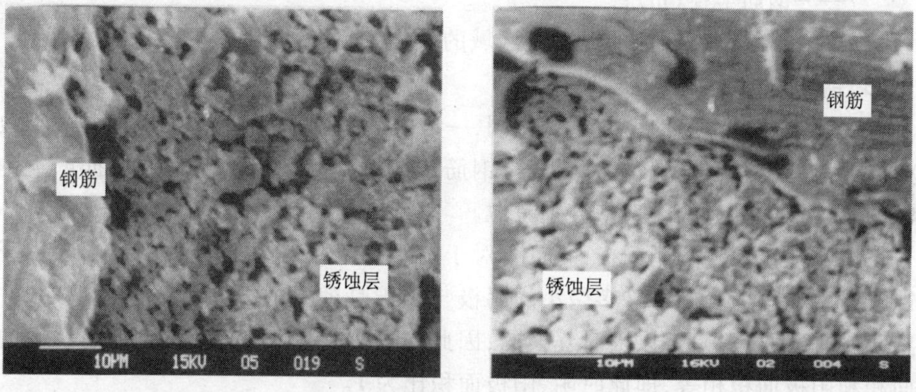

图 3—17 钢筋锈蚀层的 SEM 照片

另外，根据物理学基本知识[130]，对于一个电偶极子，其电势等势面和电力线的形状如图 3—18 所示，并且在和电偶极子轴线相垂直的中垂线上各点的电场强度与该点到轴线的距离 r^3 成反比，即在距离为 $2r$ 处的场强，只有距离为 r 处场强的 1/4，也就是说，其电场强度随该点到轴线的距离的增大而会很快地衰减[134]。

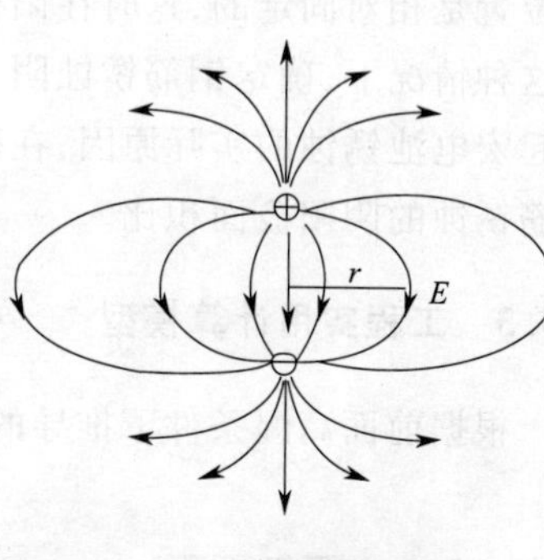

图 3—18 电偶极子电势面及电力线示意图

从物理学中电偶极子电场强度的衰减规律以及钢筋周围混凝土成分的微观分析两方面，都说明钢筋锈蚀时其阴、阳极间的电流回路必然是通过钢筋周围电阻相对较小的混凝土区域来完成的，并且随 a 值的增大，其通过电流的强度也会很快的衰减，其衰减规律和电偶极子的电场强度的衰减规律相似。因此，我们在确定影响钢筋锈蚀的混凝土区域 a 值的大小时，并不能将整个混凝土保护层厚度作为 a 值的大小，而只需考率钢筋周围一定范围的混凝土就可以了。另外，实际工程中常用的钢筋直径一般为 12 ~ 25 mm，而混凝土保护层厚度一般为 25 ~ 75 mm，为简化计算，在此假定钢筋周围等于钢筋半径 r 范围内的混凝土对阴阳极间混凝土电阻有影响，忽略外部较远处混凝土的影响，即假设在图 3—19(b)中 $a = r$，代入式(3—60)，于是可以得到阴阳间混凝土电阻为

$$R = \rho_{con} \frac{l}{S} = \rho_{con} \frac{l}{\pi[(r+a)^2 - r^2]} = \frac{\rho_{con} l}{3\pi \cdot r^2} \tag{3—61}$$

式中 R——阴阳极间混凝土电阻(Ω)；

S——影响钢筋锈蚀的混凝土区域的截面面积；

ρ_{con}——混凝土电阻率(Ω · m)，由式(3—59)计算；

l——阴阳极间距离(m)；

r——钢筋半径(m)；

a——影响钢筋锈蚀的混凝土区域的大小。

(3)钢筋锈蚀阴、阳极面积的确定

与高湿条件下钢筋的锈蚀情况相同，一般湿度条件下，钢筋锈蚀电池的类型也可分为微电池锈蚀和宏电池锈蚀两大类，钢筋锈蚀时其阴阳极的面积要根据产生钢筋锈蚀的具体锈蚀电池的类型来分别考虑。

①微电池锈蚀下的阴阳极面积比：对于以均匀锈蚀为主要特征的微电池，由于其锈蚀时产生在钢筋表面的许多微小的阴极与阳极是随机的分布钢筋表面上的，并且这些阴、阳极的位置是可以随时互换的，因此在这种情况下，可以认为钢筋锈蚀的阴极面积和阳极面积相等，即此时阴、阳极面积比为 1。

②宏电池锈蚀时阴阳极面积比：宏电池锈蚀时，锈蚀电池的阴极区域和阳极区域的位置是相对固定的，这时在阳极区域的钢筋不断溶解而使钢筋局部截面不断减少。在这种情况下，确定钢筋锈蚀阴、阳极面积比时要根据实际构件所处的实际环境以及引起宏电池锈蚀的实际原因，在确定钢筋锈蚀阳极区域和阴极区域的大小后，再确定钢筋锈蚀的阴阳极面积比。

3.5.3 工程实用计算模型

根据前面高湿条件下推导的结果可知，高湿条件下钢筋锈蚀电流强度 I_d 为

$$I_d = i_a S_a \tag{3—62}$$

式中 S_a——阳极面积；

i_a——高湿条件下钢筋锈蚀电流密度，由于高湿环境的湿度变化范围为

90% ~99.9%，在此近似取湿度值为95%，代入式(3—41)即可得出：

$$i_a = \alpha \cdot n_c F D_c \frac{L_c[O_2]^0}{\pi dc} \tag{3—63}$$

$$D_c = 2.578 \times 10^{-9}(w/c)^{2.346} T_c^{0.423} \tag{3—64}$$

将式(3—62)代入式(3—46)，于是

$$i_{al} = \frac{\Delta E i_a}{\Delta E + R i_a S_a} \tag{3—65}$$

若构件内钢筋的锈蚀近似为微电池“均匀”锈蚀下，则认为阴、阳极面积相等，阴、阳极面积之和等于钢筋锈蚀区段的表面积，于是

$$(S_a + S_c) = A_s = 2\pi rl \tag{3—66}$$

$$S_a = \frac{A_s}{2} = \pi rl \tag{3—67}$$

实际工程中，不可能对一整根长钢筋进行钢筋的锈蚀电流密度的测试，一般都是用单位长度上钢筋的锈蚀电流密度来代表整根钢筋的锈蚀速率，如 GECOR8 钢筋锈蚀速率检测仪，其一次检测的钢筋长度为 105 mm。在此我们也取 100 mm 长度的钢筋为研究的单位长度，再将式(3—61)、式(3—67)代入式(3—65)，于是在此长度上钢筋锈蚀的电流密度为

$$i_{al} = \frac{\Delta E i_a}{\Delta E + \dfrac{\rho_{con} i_a}{300r}} \tag{3—68}$$

式中　$\Delta E = 1.27 + 1.58 \times 10^{-3} T_c$。　(3—68a)

$$i_a = \alpha \cdot n_c F D_c \frac{L_c[O_2]^0}{\pi dc} \tag{3—68b}$$

$$D_c = 2.578 \times 10^{-9}(w/c)^{2.346} T_c^{0.423} \tag{3—68c}$$

$$\rho_{con} = [k \cdot (k_{Cl^-} - 1.8) + 100(RH-1)^2 + 40] \cdot \exp\left[3\,000\left(\frac{1}{T_c + 273} - \frac{1}{298}\right)\right] \tag{3—68d}$$

对于中部钢筋　$L_c = \begin{cases} L_{cz} = (s + 2r) & s \leqslant 2c \\ L_{cz} = (2c + 2r) & s > 2c \end{cases}$　(3—68e)

对于角部钢筋　$L_c = \begin{cases} L_{cj} = (s + 2c + 4r) & s \leqslant 2c \\ L_{cj} = (4c + 4r) & s > 2c \end{cases}$　(3—68f)

式中　i_{al}——一般湿度环境下 t 时刻钢筋锈蚀电流密度(A/m^2)；

ΔE——钢筋锈蚀阴阳极间初始电位差(V)；

i_a——按湿度为95%计算时钢筋锈蚀电流密度(A/m^2)；

ρ_{con}——混凝土电阻率($\Omega \cdot m$)；

r——钢筋半径(m)；

d——钢筋直径(m);

T_c——环境摄氏温度(℃);

n_c——阴极反应单位氧的电子数,$n_c=4$;

F——法拉第常数,$F=96\,500$ C/mol;

α——氧气在水中溶解度,其值一般为0.025~0.028;

ρ_s——钢筋的密度,一般为7 800 kg/m^3;

D_c——湿度95%时混凝土保护层氧气扩散系数初始值(m^2/s);

$[O_2]^0$——混凝土构件外氧气的浓度,一般大气环境下为8.67 mol/m^3;

RH——环境相对湿度;

k——和混凝土水灰比相关的系数,混凝土水灰比在0.3~0.4时,$k=-11.1$;水灰比在0.5~0.6时,$k=-5.6$;

k_{Cl^-}——Cl^-含量(占水泥质量的百分比);

w/c——混凝土水灰比;

L_c——沿混凝土构件截面向钢筋传输氧气的透氧长度(m);

s——纵向钢筋间距(m);

c——钢筋保护层厚度(m);

3.6 钢筋锈蚀速率模型影响因素分析

为了揭示混凝土中钢筋锈蚀速率随各因素变化关系,验证所得模型的适用性,对钢筋锈蚀速率影响因素进行分析,并进行相关实验研究。

3.6.1 混凝土水灰比对钢筋锈蚀速率的影响

在如图3—19所示试件尺寸的情况下,假设混凝土试件中钢筋"均匀"锈蚀,在30℃、85%相对湿度下,将0.63、0.55和0.44三种水灰比代入式(3—68)计算,并对相应试件进行了实验测试,实验结果和式(3—68)计算结果比较见图3—20。从图中可以看出:在其他条件不变的情况下,钢筋锈蚀电流密度随混凝土水灰比的增大而增大,混凝土水灰比是影响混凝土孔隙率、混凝土氧气扩散系数的主要因素,随水灰比

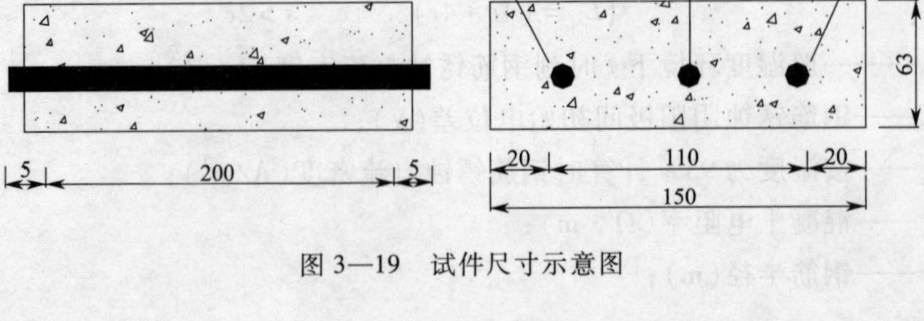

图3—19 试件尺寸示意图

的增大，混凝土孔隙率增大，氧气扩散能力增大，因此钢筋锈蚀速率随混凝土水灰比增大而增大，这也和已有的研究结论相符。在考虑混凝土电阻率对钢筋锈蚀速率的影响后，钢筋锈蚀电流密度的公式计算值和实验实测结果基本吻合，说明理论推导的公式基本是合理的，计算结果能够满足实际工程结构耐久性预测精度的要求。

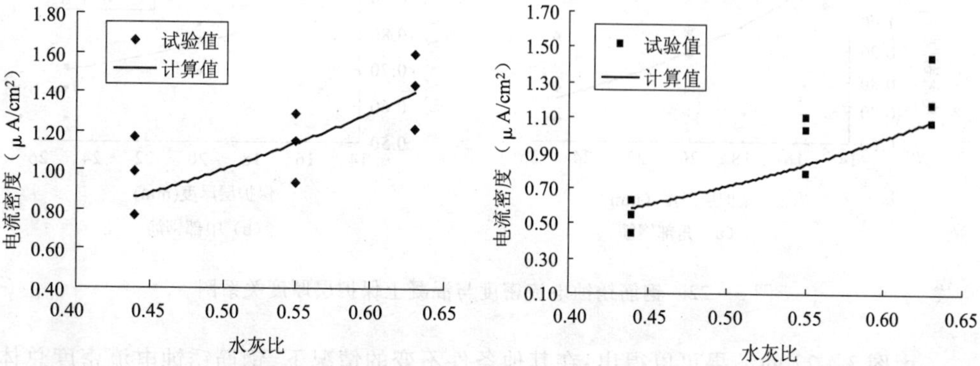

（a）角部钢筋　　（b）中部钢筋

图 3—20　钢筋锈蚀电流密度和混凝土水灰比关系图（保护层 15 mm）

另外，将温度为 30 ℃、环境相对湿度为 85% 条件下的中部钢筋和角部钢筋锈蚀电流密度的实验结果平均值，以及角部钢筋与中部钢筋锈蚀电流密度的计算值分别进行比较（图 3—21）。式（3—68）所计算的角部钢筋锈蚀速率是中部钢筋锈蚀速率的 1.35 ~ 1.75 倍，在其他条件不变的情况下，角部钢筋和中部钢筋锈蚀速率的这种差异，主要是由于角部钢筋和中部钢筋的混凝土表面的透氧长度不同所造成的。图 3—19 所示的试件配筋图，以混凝土保护层为 15 mm 为例，此时钢筋间距大于保护层厚度的 2 倍，于是可以计算出角部钢筋和中部钢筋的透氧长度的比值为：$L_{cj}/L_{cz}=2$，而将实验条件代入式（3—68）计算后可知角部钢筋与中钢筋的电流密度比值为1.42；同时从图 3—21所示的角部钢筋电流密度和中部钢筋电流密度的实测数据中可以看出，角部钢筋锈蚀速率要比中部钢筋锈蚀速率大 1.35 ~ 1.78 倍，这和文献[100]通过大量现场实测得到的 1.6 ~ 2.0 倍的经验数据基本吻合，也说明所推导的考虑钢筋锈蚀模型式（3—68）中，采用透氧面积这一参数来表达角部钢筋与中部钢筋的锈蚀速率的方法是正确的。

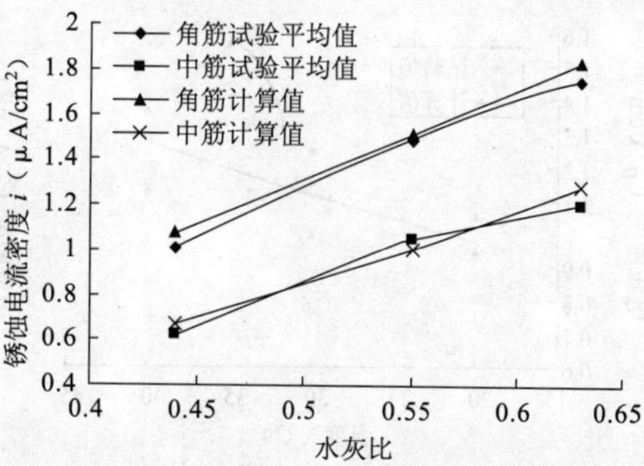

图 3—21　角部钢筋与中部钢筋锈蚀电流密度实验值与计算值比较图（保护层 15 mm）

3.6.2　混凝土保护层厚度对钢筋锈蚀速率的影响

将其他条件相同、保护层厚度分别为 15 mm、20 mm 及 25 mm 的两组试件放入 30℃、85% 相对湿度的人工气候箱中，并进行钢筋锈蚀电流密度的测量，测量结果和计算结果如图 3—22 所示。

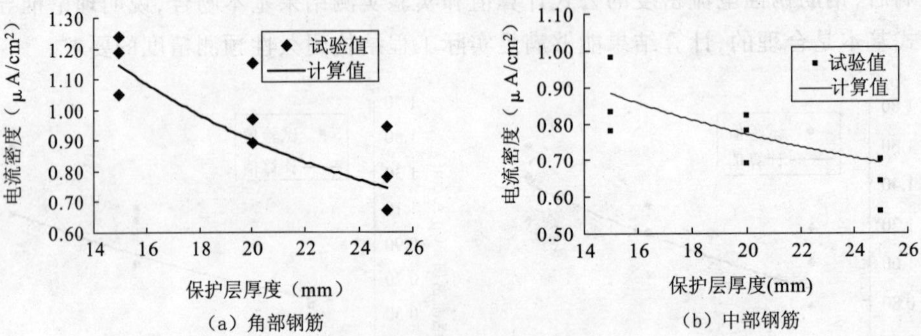

图 3—22　钢筋锈蚀电流密度与混凝土保护层厚度关系图

由图 3—22 的结果可以得出：在其他条件不变的情况下，钢筋锈蚀电流密度总体趋势是随混凝土保护层厚度的增大而减少。混凝土保护层厚度在钢筋锈蚀时具有双重作用，一方面它增大了氧气在混凝土中到达钢筋表面的距离，在外界氧气浓度相同的前提下，使钢筋表面氧气的浓度降低；另一方面保护层厚度的增大能够增大混凝土的透氧面积，从而使钢筋锈蚀速率增大，但从影响效果看，保护层厚度的增大使钢筋表面氧气浓度降低对钢筋锈蚀速率的影响超过混凝土透氧面积增大对钢筋锈蚀速率影响，因而总体上钢筋锈蚀速率随混凝土保护层的增大而减小，这也和已有的研究结论相符。

3.6.3　温度对钢筋锈蚀速率的影响

将水灰比为 0.55 的试件分别放入温度为 20 ℃、30 ℃、40 ℃而相对湿度恒定为 85% 的人工气候环境中，进行钢筋锈蚀电流密度的测量，测量结果和计算结果如图 3—23所示。

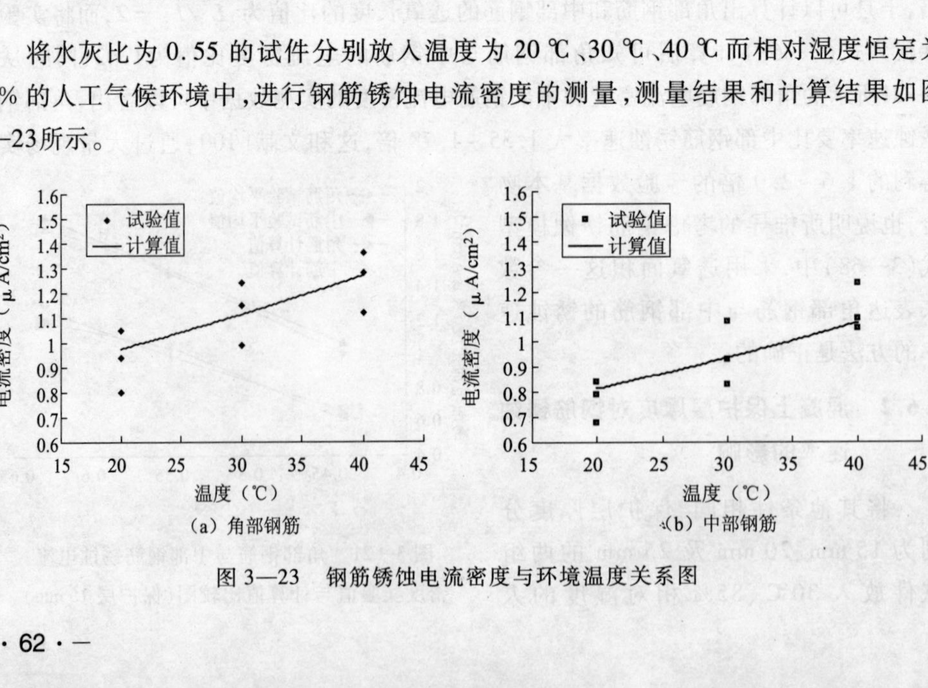

图 3—23　钢筋锈蚀电流密度与环境温度关系图

由图 3—23 的结果可以得出:在其他条件不变的情况下,在 40 ℃以下的条件下,混凝土中钢筋锈蚀电流密度随温度的增大而增大,这主要是温度的增加使钢筋锈蚀的电化学反应速度加快,从而使钢筋锈蚀电流密度增大,同时在湿度相同的条件下,温度的升高,能使混凝土内水分子和导电性离子的活动能力增加,从而使混凝土电阻降低,而使钢筋锈蚀速率增大,这也和目前已有的研究成果相符。

3.6.4 相对湿度对钢筋锈蚀速率的影响

将水灰比为 0.55 的试件放入温度为 30 ℃,而相对湿度分别为 65%、75%、85%和 95% 的人工气候环境中,进行钢筋锈蚀电流密度的测量,测量结果如图 3—24 所示,其中 95% 湿度下的计算值按高湿环境条件下式(3—41)计算。

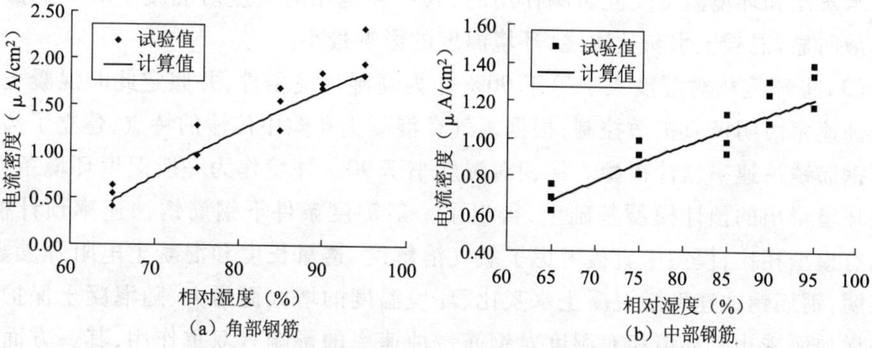

图 3—24 钢筋锈蚀电流密度与环境湿度关系图

由图 3—24 的结果可以得出:环境湿度对混凝土内钢筋的锈蚀速率也具有明显的影响。根据实验实测结果,相对湿度在低于 85% 时,钢筋锈蚀电流密度随环境湿度的增加而增大,并且增加速度较快,但相对湿度从 85% 变化到 95%,钢筋锈蚀电流密度虽然也随相对湿度的增加而增大,但其增加的速度变缓,这主要是因为环境相对湿度对钢筋锈蚀速率的影响有双重作用,其一方面可以减少混凝土电阻率,另一方面却使氧气在混凝土内的传输造成困难,如果环境湿度继续增大,则试件可能会出现和浸泡在溶液中试件相似的条件,使钢筋锈蚀速率出现下降的趋势。

3.7 小　　结

本章在分析目前已有钢筋锈蚀速率预计模型的基础上,结合混凝土中氧气扩散性的特点和性能,分别建立了高湿环境下和一般湿度环境下钢筋锈蚀的速率模型,并分析混凝土水灰比、保护层厚度、环境温湿度对钢筋锈蚀速率影响的规律,具体结论总结如下:

(1)目前已建立的钢筋锈蚀速率预计模型可分为理论模型、统计模型和理论统计相结合的模型。理论模型一般是以钢筋锈蚀速率由氧扩散控制为前提;以 Fick 扩散第一定律、Nernst 方程等理论为基础所建立的;统计模型是以实验数据为基础,根据数理统计的基本理论,总结归纳出钢筋锈蚀速率预计模型;理论统计模型是以理论模型为基础,个别修正参数通过实验数据统计分析得出。

(2)混凝土是一种典型的多孔固体介质材料,按其孔径大小可分为大于 10^3 nm, $10^2 \sim 10^3$ nm, $10 \sim 10^2$ nm 和小于 10 nm 四种孔,根据孔径大小的不同,氧气的扩散分为的菲克(Fick)型扩散、诺森(Knudsen)型扩散和过渡型扩散三种。混凝土中氧气实际扩散是上述三种扩散的综合结果,氧气扩散系数一般用"等效扩散系数"来表示。通过实验数据的统计分析,得出了式(3—25)表达的混凝土氧气扩散系数预测模型。同时实验数据表明,混凝土氧气扩散系数随着混凝土水灰比、环境温度的增大而增大;随着环境相对湿度的增大而减少。混凝土氧扩散系数是受环境相对湿度、混凝土水灰比和环境温度交互影响作用的,其中环境相对湿度对混凝土氧气扩散系数影响最明显,混凝土水灰比次之,环境温度的影响最小。

(3)将环境相对湿度大于等于 90% 作为高湿环境条件,并假定此时混凝土中钢筋锈蚀速率由阴极氧扩散控制;根据氧气在混凝土孔隙中传输的特点,建立了高湿条件下钢筋锈蚀速率预计模型。将相对湿度小于 90% 环境作为一般湿度环境条件,在高湿环境得出的预计模型基础上,得出了一般湿度条件下钢筋锈蚀速率预计模型。和已有模型相比,模型中直接考虑了氧气溶解度、透氧长度和混凝土电阻等参数,模型表明:钢筋锈蚀速率随混凝土水灰比、环境温度的增大而增大、随混凝土保护层厚度的增加而减小。环境相对湿度对钢筋锈蚀速率的影响有双重作用,其一方面可以减少混凝土电阻率,而另一方面却使氧气在混凝土内的传输造成困难,相对湿度在低于 85% 时,钢筋锈蚀电流密度随环境湿度的增加而增大,并且增加速度较快;相对湿度从 85% 变化到 95%,钢筋锈蚀电流密度虽然也随相对湿度的增加而增大,但其增加的速度变缓;如果环境湿度继续增大,则试件可能会出现和浸泡在溶液中试件相似的条件,而会使钢筋锈蚀速率出现下降的趋势。

第4章 顺筋锈胀裂缝区钢筋锈蚀速率

混凝土内钢筋的锈蚀不仅导致钢筋面积的削弱以及钢筋与混凝土界面粘结性能的退化,并且由于锈蚀产物——铁锈具有体积膨胀特性,随着铁锈成分的不断增多,保护层混凝土内拉应力增长,最后导致混凝土保护层产生顺筋裂缝。混凝土保护层由于锈胀而产生的顺筋开裂将致使钢筋锈蚀进一步加剧,甚至混凝土的保护层可能较大面积的脱落,使大部分钢筋表面暴露于周围环境中,因此顺筋裂缝对钢筋混凝土构件的影响十分严重。

目前关于顺筋裂缝出现后钢筋锈蚀速率的研究成果却很少,大多数都集中于混凝土保护层开裂时刻的钢筋锈蚀量的研究[20,131,132],这主要是因为一般认为顺筋裂缝出现后结构的承载性能会马上出现较大的退化,一旦发现此种顺筋裂缝就应凿除已开裂的混凝土保护层,便采取有效的技术加以修复,因此顺筋裂缝出现后钢筋的锈蚀速率也就没有必要研究了。

事实上,混凝土结构出现顺筋裂缝后并不一定能够马上修复,可能会因生产、运营、经济等多方面的原因而不能短期内进行维修,因此,很多结构在顺筋裂缝出现后一般还要在没有维修的情况下服役很多年,这在国内外都是很常见的。另外,在实际工程中,混凝土保护层出现顺筋裂缝时,对钢筋本身而言,其锈蚀量并不是很大(一般不超过5%),这种锈蚀量不足以对结构构件承载力和安全性造成很大的威胁。吴庆[133]在最近的研究中也发现,在模拟自然环境的人工气候环境实验条件下,构件表面锈胀裂缝宽度达到0.8 mm时,钢筋和混凝土的粘结性能仍较好,其受弯承载性能并没有出现很大的退化。因此,从既保证结构的安全性又经济合理地确定结构维修时刻和维修方法两方面来考虑,研究锈胀开裂后锈蚀速率,对判断锈胀开裂后结构构件承载能力下降速率、确定耐久性极限状态密切相关。因此,对构件顺筋裂缝出现后的钢筋锈蚀速率的大小及其对顺筋裂缝扩展的影响规律进行研究具有十分重要的现实意义。

本章在顺筋裂缝出现前钢筋锈蚀速率基本模型的基础上,分析顺筋裂缝出现后,钢筋周围锈蚀层分布的特点和钢筋锈蚀电池的转化规律,建立顺筋开裂后钢筋锈蚀速率的预计模型。

4.1 锈胀开裂时钢筋表面锈蚀蚀层分布规律

在外界侵蚀介质的作用下,混凝土构件内钢筋开始锈蚀后,钢筋上的铁原子将逐渐转变为铁的化合物——铁锈,由于铁锈这些锈蚀产物的体积要比原来铁的体积要大 2 ~ 3 倍，因此，随着钢筋锈蚀的进行，钢筋表面锈蚀产物要不断向钢筋周围混凝土的孔隙中进行渗透，但当锈蚀产物积聚到一定的程度后，会导致钢筋周围混凝土受到拉应力，当拉应力超过混凝土的抗拉强度时，在钢筋周围的混凝土内部产生微裂缝，随着产物的增加，使这些微裂缝逐渐贯通形成宏观可见的顺筋裂缝。也就是说，在钢筋锈蚀量很小时，混凝土保护层不会开裂；锈蚀达到一定程度时，由于锈蚀产物的体积膨胀将导致混凝土保护层开裂，并且在一定范围内，锈蚀量越大，裂缝宽度越大。主裂缝走向与钢筋长度方向一致[134]。一般来讲，混凝土保护层由于钢筋锈蚀而产生的锈胀开裂过程可以分为自由膨胀、应力产生、裂缝产生和发展四个阶段[20,134]。混凝土保护层顺筋裂缝产生后，最终混凝土构件锈胀破坏的形态与钢筋直径、间距、位置等多种因素有关，通常认为有三种理想的锈胀破坏形态[12]：一般边位置的开裂破坏、层裂破坏和角区破坏。图 4—1 为三种破坏形式的实物照片。

（a）一般开裂破坏类型　　（b）层裂破坏类型　　（c）角区开裂破坏类型

图 4—1　锈胀破坏形态

目前关于顺筋裂缝出现时钢筋临界锈蚀量的研究较多，而对裂缝出现时钢筋锈蚀产物的分布规律和锈蚀层分布规律研究较少。研究人员[124,15]通过 KH-3000V/KH-3000VD HI-SCOPE Advanced 数字式视频显微测量系统，采用沿钢筋外表面周长依次数字照相的技术，通过实验研究了钢筋表面锈蚀层的分布规律和锈蚀层厚度，如图 4—2 所示。并根据实验结果得出了顺筋裂缝出现前后钢筋锈蚀层分布轮廓曲线，如图 4—3、图 4—4 所示。

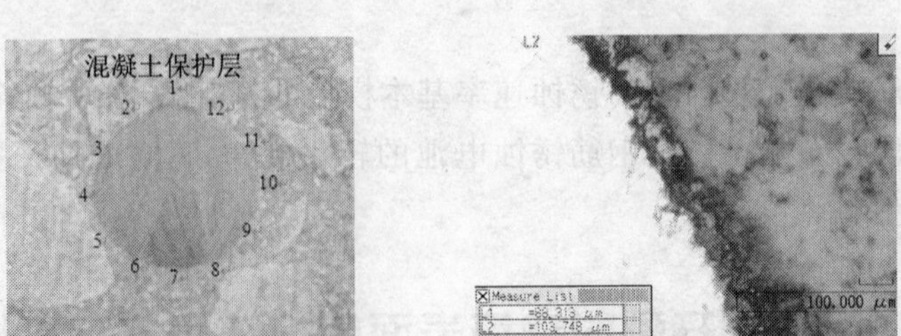

（a）测区划分示意图　　（b）锈蚀层厚度

图 4—2　钢筋锈蚀层实验测区划分和锈蚀层厚度[124]

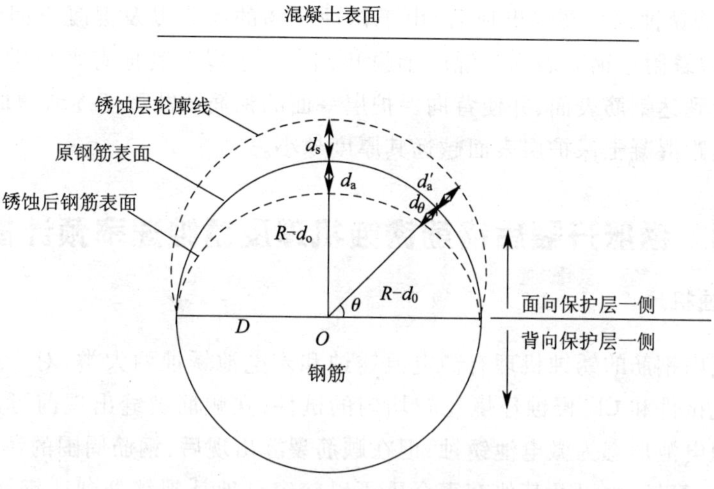

图 4—3　锈胀开裂前钢筋锈蚀量分布[15]

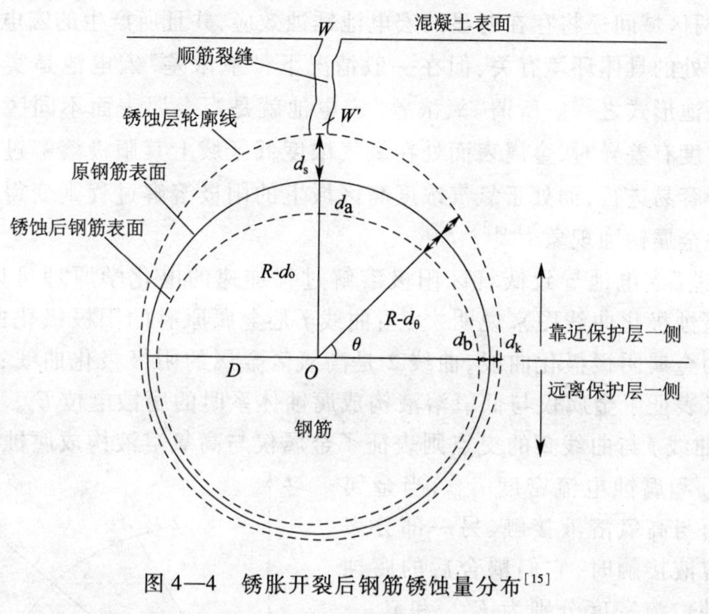

图 4—4　锈胀开裂后钢筋锈蚀量分布[15]

根据上述实验所观察的钢筋锈蚀量在钢筋周围分布的规律，一般可以得到如下的结论：

(1)随时间的发展，钢筋锈蚀量不断增加，当钢筋锈蚀量增大到一定程度时，混凝土保护层将出现由锈胀引起的顺筋裂缝。

(2)在顺筋裂缝出现的时刻，钢筋表面基本全部活化并开始锈蚀，但钢筋朝向保护层的一面锈蚀较严重，背向保护层一面锈蚀较轻；并且钢筋锈蚀程度轻和锈蚀程度严重的区域都近似等于整个钢筋圆周面的一半,如图 4—3 所示。

(3)钢筋锈蚀顺筋裂缝出现后,由于锈蚀产物的膨胀以及混凝土回缩的共同作用,使顺筋裂缝附近钢筋表面与混凝土脱开,氧气、水以及其他有害介质可以较容易地从裂缝处到达钢筋表面,并使背向保护层一面的钢筋锈蚀程度逐渐增加,并且锈蚀层的分布是距混凝土保护层表面越远其厚度越小。

4.2 锈胀开裂后钢筋锈蚀机理及锈蚀速率预计模型

4.2.1 锈蚀机理

混凝土内钢筋的锈蚀机理有微电池锈蚀和宏电池锈蚀两大类,对于普通大气环境下的碳化试件和 Cl^- 侵蚀环境比较均匀的试件,在顺筋裂缝出现前可以近似认为其主要锈蚀电池形态为微电池锈蚀;但在顺筋裂缝出现后,钢筋周围的锈蚀环境发生了较大变化,氧气、水以及其他有害介质可以较容易地从裂缝处到达钢筋表面,从而使面向保护层的钢筋表面的锈蚀环境和背向保护层的钢筋表面锈蚀环境有了明显区别。此时在面向保护层和背向保护层的钢筋不同表面上,除了存在各自区域上锈蚀微电池外,两区域间还将存在明显的宏电池锈蚀效应,并且所产生的宏电池具体的形式与构件所处的具体环境有关,但在一般情况下,"氧浓差"宏电池是实际工程中最常见的宏电池形式之一。所谓"氧浓差"宏电池就是当金属表面不同区域所处的环境中氧气浓度有差异时,金属表面处在氧气浓度低区域上其阳极溶解过程变得比原来表面更为容易进行,而处于氧气浓度高区域上的阳极溶解过程则变得比原来难以进行的一种金属锈蚀现象[13,14]。

"氧浓差"宏电池导致低氧区阳极溶解过程加速的电化学原理可以用图 4—5 所示金属腐蚀极化曲线图来说明[13,14]:曲线 f 是金属原有的阳极极化曲线,曲线 1 是低氧区的金属阴极极化曲线,曲线 2 是高氧区金属的阴极极化曲线;曲线 f 与曲线 1 的交点表征了金属仅与低氧溶液构成腐蚀体系时的腐蚀电位 E_{corr1} 和腐蚀电流密度 i_{corr1},曲线 f 与曲线 2 的交点则表征了金属仅与高氧溶液构成腐蚀体系时的腐蚀电位 E_{corr2} 和腐蚀电流密度 i_{corr2};当金属一部分表面与高氧溶液接触、另一部分表面与低氧溶液接触时,它们耦合后的腐蚀电位和腐蚀电流密度分别为 E'_{corr} 和 i'_{corr};同时腐蚀过程引起的次生反应会使低氧区的阳极极化曲线变为 a,而高氧区的阳极极化曲线变为 c,此时在高氧区金属表面和低氧区金属表面虽然具有相同的腐蚀电位 E'_{corr},但高、低氧区的阳极溶解的腐蚀电流密度却分别为 i'_{corr2} 和 i'_{corr1},并且 i'_{corr1} 要比 i'_{corr2} 大许多,金属腐蚀破坏主要

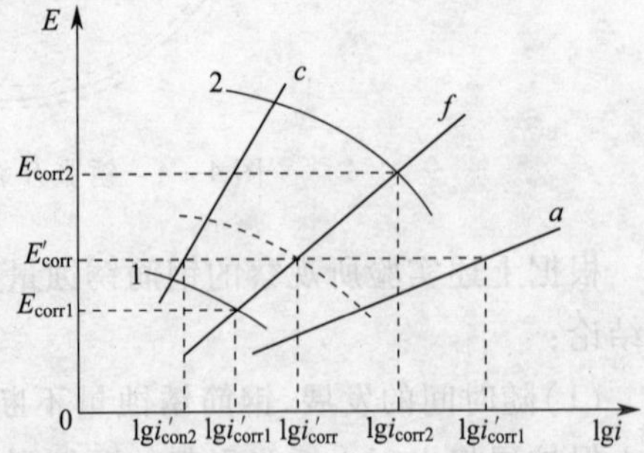

图 4—5 "氧浓差"宏电池机理

集中于低氧区的金属表面。在实际工程中,常见的“水线”锈蚀以及埋地管道穿越黏土和砂土交界面时在黏土中锈蚀较严重的现象都是由于金属表面氧浓度得不同而“氧浓差”宏电池锈蚀所造成的,如图 4—6 所示。

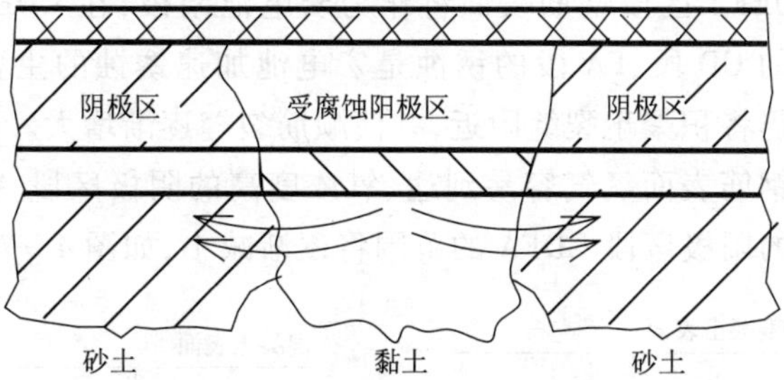

图 4—6 管道在黏土和砂土中所形成“氧浓差”宏电池

从前面的实验观察可以看出,在混凝土构件表面顺筋裂缝出现时,混凝土内钢筋均已开始锈蚀,可以认为钢筋表面均处于活化状态,因此开裂后钢筋表面上有和开裂前相似的微电池锈蚀存在。但在裂缝出现后,由于裂缝处钢筋表面与大气环境贯通,氧气不经过在混凝土中扩散的过程可以直接到达面向混凝土保护层一侧的钢筋表面,而氧气要到达背向混凝土保护层的钢筋表面,仍然要首先通过一定厚度的混凝土层,并经过在混凝土内的扩散传输后才能到达。因此就整个钢筋截面而言,在裂缝区段内面向混凝土保护层和背向混凝土保护层的钢筋表面之间存在着氧气浓度的差异,从而具备形成“氧浓差”宏电池的客观条件。顺筋裂缝出现后,背向保护层的钢筋表面由于是低氧区段,其锈蚀速率将增加,而面向保护层一侧的钢筋表面由于处于高氧区,其锈蚀速率将有所减少。

4.2.2 锈蚀速率模型假设与推导

根据顺筋裂缝出现前后钢筋表面锈蚀层厚度的分布规律,在进行顺筋裂缝区钢筋锈蚀速率模型推导前先提出以下几个假设:

(1)顺筋裂缝出现前,钢筋面向保护层的一面锈蚀严重,背向保护层的一面轻微,但两面的钢筋表面均已脱钝活化开始锈蚀,并假设钢筋开裂前其锈蚀形态以微电池均匀锈蚀为主。

(2)顺筋裂缝出现时刻,钢筋面向保护层的半个表面锈蚀严重,为氧气容易到达的区域;背向保护层的钢筋表面锈蚀较轻,为氧气达到较困难,氧气浓度低的钢筋表面。并且,随裂缝的发展,氧气容易到达的区域不断增加。

在这两个条件下,当构件表面顺筋裂缝出现后,由于钢筋表面均处于活化状态,因此有和开裂前相似的微电池锈蚀存在;另一方面,对于裂缝处面向混凝土保护层的钢筋表面,外界氧气比较容易通过顺筋裂缝到达其表面,因此氧气浓度较高;而背向保护层的钢筋另一面,氧气要通过混凝土孔隙才能到达,因此钢筋背向保护层的一面氧气浓度比裂缝处钢筋表面上氧气浓度低，这样顺筋裂缝区段内面向混凝土保护层和背向混凝土保护层的钢筋表面之间由于氧浓度的不同而会形成“氧浓差”宏电池，如图 4—7 所示；此时裂缝处的 ABC 段钢筋表面氧气浓度高，因而将作为“氧浓差”宏电池的阴极，而 CDEFA 区段钢筋表面将作为宏电池阳极，在 CDEFA 区段钢筋表面中，和宏阴极交界的 CD 段、FA 段的锈蚀是宏电池加速锈蚀的主要区段。这种情况下，主要锈蚀产物仍将积聚于裂缝附近，并使顺筋裂缝逐渐增大。随着锈蚀时间以及裂缝宽度的增加，钢筋表面氧气容易到达、氧浓度高的阴极区段 ABC 的范围会逐渐增大，而氧浓度低的阳极区段 CDFA 的范围将逐渐减小，如图 4—7(b)所示。

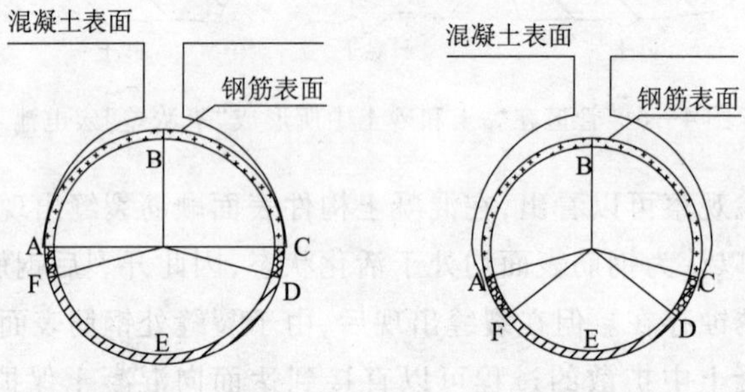

(a) 锈胀开裂时刻　　(b) 锈胀开裂之后

图 4—7　顺筋裂缝区钢筋锈蚀机理示意图

根据图 4—5 所示的极化图，假设高氧区金属和低氧区金属在连接前各自的腐蚀体系是独立的，低氧区金属表面的腐蚀电位和腐蚀电流密度分别为 E_{corr1} 和 i_{corr1}，而高氧区金属表面的腐蚀电位和腐蚀电流密度分别为 E_{corr2} 和 i_{corr2}；当高氧区金属表面和低氧区金属表面耦合后，则其混合腐蚀电位和腐蚀电流强度分别为 E_{corr} 和 I_{corr}；假定低氧区宏阳极区域的面积为 S_{a}、高氧区宏阴极面积为 S_{c}，忽略电阻极化得影响，同时认为宏阳极极化和宏阴极极化都遵循 Tafel 方程[14]，于是

$$E_{\mathrm{corr}} = E_{\mathrm{corr1}} + \beta_a \ln \frac{I_{\mathrm{corr}}}{S_{\mathrm{a}} i_{\mathrm{corr1}}} \tag{4—1}$$

$$E_{\mathrm{corr}} = E_{\mathrm{corr2}} - \beta_c \ln \frac{I_{\mathrm{corr}}}{S_{\mathrm{c}} i_{\mathrm{corr2}}} \tag{4—2}$$

式中　i_{corr1}——连接前低氧区段金属锈蚀电流密度；

i_{corr2}——连接前高氧区段金属锈蚀电流密度；

E_{corr1}——连接前低氧区段金属锈蚀电位；

E_{corr2}——连接前高氧区段金属锈蚀电位；

E_{corr}——连接后混合锈蚀电位；

I_{corr}——连接后金属总电流；

β_a——宏阳极极化的 Tafel 常数；

β_c——宏阴极极化的 Tafel 常数；

S_c——宏阴极面积；

S_a——宏阳极面积。

又因为 $i_a = \frac{I_{corr}}{S_a}$，代入式（4—1）、式（4—2）可得

$$\ln i_a = \frac{E_{corr2} - E_{corr1}}{\beta_a + \beta_c} + \frac{\beta_a}{\beta_a + \beta_c}\ln i_{corr1} + \frac{\beta_c}{\beta_a + \beta_c}\ln i_{corr2} + \frac{\beta_c}{\beta_a + \beta_c}\ln\frac{S_c}{S_a} \tag{4—3}$$

式中 i_a——连接后金属宏阳极锈蚀电流密度；

其余符号意义同前。

对于顺筋开裂后混凝土构件得钢筋锈蚀而言，假设裂缝出现前钢筋锈蚀为均匀锈蚀，则裂缝出现前区段间锈蚀电位和锈蚀电流密度是相同的，即

$$E_{corr1} = E_{corr2}, i_{corr1} = i_{corr2} = i'_0 \tag{4—4}$$

式中 i_0——裂缝出现前钢筋锈蚀电流密度；

其余符号同前。

又根据文献[5,126]，混凝土中钢筋锈蚀时，在一般环境下，钢筋阳极 Tafel 常数 $\beta_a = 90$ mV/dec，阴极 Tafel 常数 $\beta_c = 110$ mV/dec，于是，式（4—3）可转换为

$$\ln i_a = \ln i'_0 + 0.55\ln\frac{S_c}{S_a} \tag{4—5}$$

所以

$$i_a = i'_0\left(\frac{S_c}{S_a}\right)^{0.55} \tag{4—6}$$

式中 i_a——顺筋裂缝出现后钢筋宏阳极锈蚀电流密度；

i'_0——裂缝出现前钢筋锈蚀电流密度，即按无裂缝试件计算出的在钢筋顺筋裂缝刚出现时的钢筋锈蚀电流密度，根据实际环境条件，可分别按式（3—41）和式（3—68）计算。

4.2.3 “氧浓差”宏电池阴、阳极面积比

4.2.3.1 顺筋裂缝刚开裂时刻

由式（4—6）可知，在顺筋裂缝出现后钢筋的锈蚀电流密度确定的关键是确定锈蚀电极重分布后的阴、阳极面积比，如图 3—7 所示由于阳极区 FA、CD 区段长度不容易确定，可以仍将 CDEFA 区段看成一个整体。根据图 4—3、4—4 所示的锈蚀层轮廓图以及模型推导的假设（2），在混凝土刚开裂这一时刻，氧气容易到达的钢筋圆周为整个钢筋圆周的一半，即在钢筋表面周长上，“氧浓差”宏电池的宏阴极所占的长度和宏阳极所占长度相等，如图 4—5（a）所示，此时阴阳极面积比等于 1，即

$$i_a = i'_0\left(\frac{S_c}{S_a}\right)^{0.55} = i_0 \tag{4—7}$$

也就是说，此时钢筋锈蚀电流密度仍与没有裂缝时相等，但这一时刻很短，随着裂缝的扩展，宏阴极 ABC 段的长度会增加，宏阳极 CDEFA 的长度要相应减少，如图

4—5(b)所示，此时阴、阳极面积比将大于1，钢筋锈蚀电流密度将比开裂前钢筋锈蚀电流密度大，钢筋锈蚀速率将增大。

4.2.3.2　顺筋裂缝出现后

顺筋裂缝出现后，钢筋锈蚀的范围逐渐向背向保护层一面扩展，并且裂缝宽度越大，其扩张的范围越大。另一方面，根据金属腐蚀学中关于缝隙腐蚀的研究成果[13,14]，细小缝隙处腐蚀发生的最敏感的缝隙宽度为0.025～0.1 mm，宽度小于0.025 mm的缝隙氧气和水蒸气就不容易进入。另外，在钢筋锈蚀时，由于钢筋锈蚀产物的结构一般较疏松，间隙较大，因此，在这里我们假设钢筋表面锈蚀层厚度大于0.05 mm，即50 μm的钢筋表面上氧气和水蒸气容易进入，而其余锈蚀层厚度小于50 μm的区域，氧气和水不容易进入。于是，只要确定一定裂缝宽度的条件下，锈蚀层厚度在钢筋表面的分布规律，即可确定钢筋“氧浓差”锈蚀宏电池的宏阴极和宏阳极的大小。同样通过数字式视频显微测量系统，研究人员[124]对顺筋裂缝宽度为0.1 mm的5个试件和裂缝宽度为0.2 mm的3个试件进行了钢筋表面锈蚀层厚度的测量，其实验结果如图4—8所示。

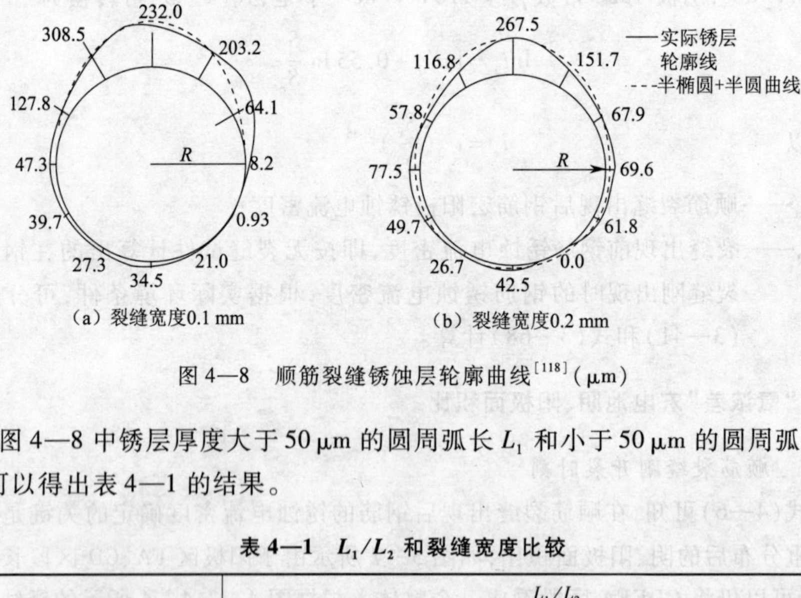

图4—8　顺筋裂缝锈蚀层轮廓曲线[118]（μm）

将图4—8中锈层厚度大于50 μm的圆周弧长 L_1 和小于50 μm的圆周弧长 L_2 相比较，可以得出表4—1的结果。

表4—1　L_1/L_2 和裂缝宽度比较

试件编号	L_1/L_2	
	缝宽0.1 mm	缝宽0.2 mm
BE1	1.48	1.67
BE2	1.40	2.13
BE3	1.43	1.98
BE4	1.05	
BE5	1.12	
平均	1.30	1.93

因此，根据上述实验所测试的钢筋表面锈蚀层厚度的数据可以看出，钢筋锈层厚度大于 50 μm 的圆周长度和小于 50 μm 的圆周长度的比值和裂缝宽度有关，裂缝宽度越大，比值越大。由上述实验数据，并结合裂缝为零时 $L_1/L_2=1$ 的上述假设，可以绘出 L_1/L_2 随裂缝宽度变化关系图，如图 4—9 所示，进行线性回归可以近似地得出

$$\frac{L_1}{L_2}=4.65w+0.945 \tag{4—8}$$

式中　w——顺筋裂缝宽度(mm)。

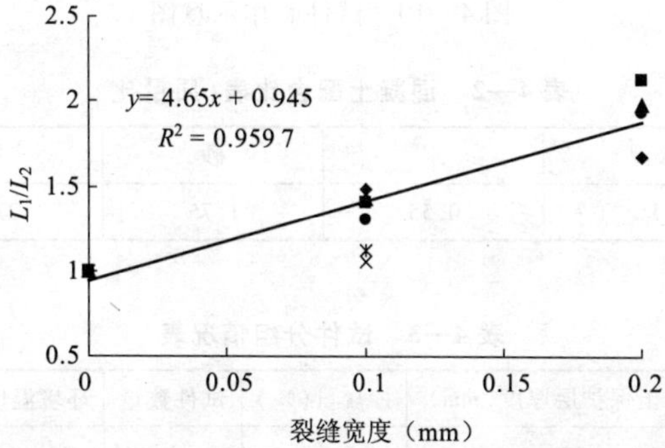

图 4—9　L_1/L_2 和裂缝宽度关系图

于是在一定长度的钢筋上，“氧浓差”宏电池的宏阴极和宏阳极的比值为

$$\frac{S_c}{S_a}=\frac{L_1}{L_2}=4.65w+0.945 \tag{4—9}$$

式中　S_c——阴极面积；

S_a——阳极面积。

4.3　顺筋裂缝宽度对钢筋锈蚀速率的影响规律

为了揭示顺筋裂缝出现后钢筋锈蚀速率的变化规律，验证式(4—6)的适用性，在恒温恒湿条件下进行钢筋锈蚀速率的实验。

4.3.1　试件制作

混凝土试件尺寸与钢筋位置如图 4—10 所示，钢筋为 HRB335 带肋钢筋，直径为 14 mm，水泥采用 R32.5 级普通硅酸盐水泥，粗骨料最大粒径 15 mm，砂为河砂；混凝土坍落度 70 mm，钢筋下部保护层厚度为 15 mm，水灰比采用 0.55(详细配合比见表 4—2)，试件数量为 3 块，试件分组与编号见表 4—3。为使加速混凝土内钢筋的锈蚀，在混凝土试件中掺入水泥质量 5% 的盐(NaCl)，制作完毕后放入标准养护室养护 7 d 后，放入温度为(30 ±1)℃、相对湿度 95% ±2% 的高湿箱中，定期用钢筋锈蚀速率测试仪 GECOR8 测试混凝土内钢筋锈蚀电流密度，同时观测钢筋表面裂缝开展情

况，试件保护层出现裂缝后用读数显微镜测量裂缝的宽度。

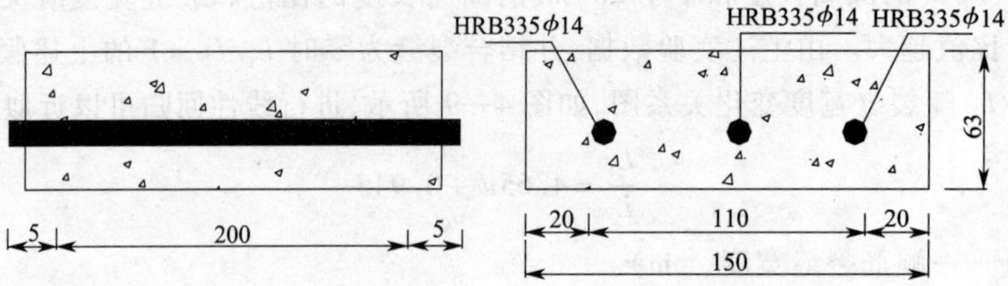

图 4—10　试件制作示意图

表 4—2　混凝土配合比表(质量比)

水灰比	水泥	水	砂	石	NaCl
0.55	1	0.55	1.75	2.98	0.08

表 4—3　试件分组情况表

试件编号	水灰比	混凝土保护层厚度(mm)	掺盐量(%)	试件数量	环境温度(℃)	环境相对湿度(%)
LF1	0.55	15	5	3		
LF2	0.55	15	5	3	30	95
LF3	0.55	15	5	3		

4.3.2　实验结果及分析

钢筋锈蚀电流密度的实验结果和计算值随裂缝宽度的变化关系如图 4—11、图 4—12所示。

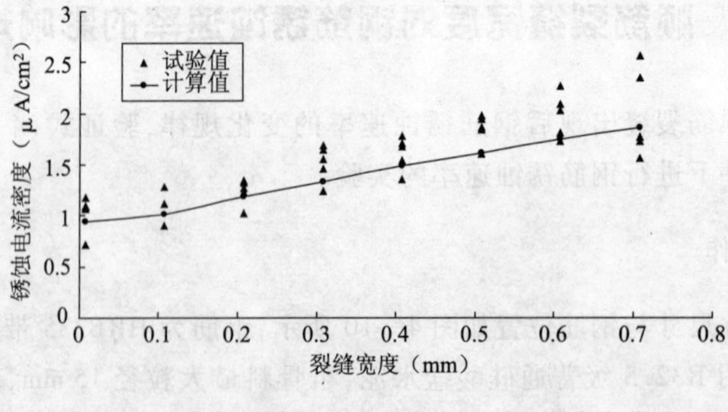

图 4—11　角部钢筋锈蚀电流密度—裂缝宽度变化图

实验中，混凝土试件得裂缝宽度从 0.1 mm 一直扩展至 0.6 mm 左右；从图4—11、图 4—12 的实验结果和式(4—6)的计算值比较可以看出，除个别数据突变外，大部分利用式(4—6)所得到的公式计算值和实测值比较接近，说明式(4—6)得计算结果可以反应顺筋开裂后钢筋锈蚀电流密度。另外,从实验数据来看,裂缝宽度小于0.2 mm时,钢筋锈蚀电流密度和裂缝出现前相比不是太大;这说明在裂缝小于0.2 mm的情况下,裂缝对钢筋得锈蚀速率影响不大,这要是因为顺筋裂缝较小时,裂缝处钢筋锈蚀微环境改变不是太大,同时锈蚀产物和其他外界灰尘容易在裂缝内聚集,从而阻止水、氧等反应物质的进入,而使钢筋锈蚀速率和裂缝出现前相比差别不大。对于裂缝宽度大于0.6 mm 的试件,由于 GECOR8 仪器测量的限制,钢筋的锈蚀电流密度测量结果的离散型加大,实验中没有继续进行实验。但是,事实上,钢筋锈蚀速率不可能随裂缝的增大而无限增大,因为当裂缝增大到一定程度后,氧气到达背向保护层一侧的钢筋表面也变得和面向保护层一侧容易,此时氧气浓度的差异不再存在,因而“氧浓差”宏电池也不再存在,此时钢筋的锈蚀类似于大气环境下钢筋的锈蚀,式(4—6)不再适用。

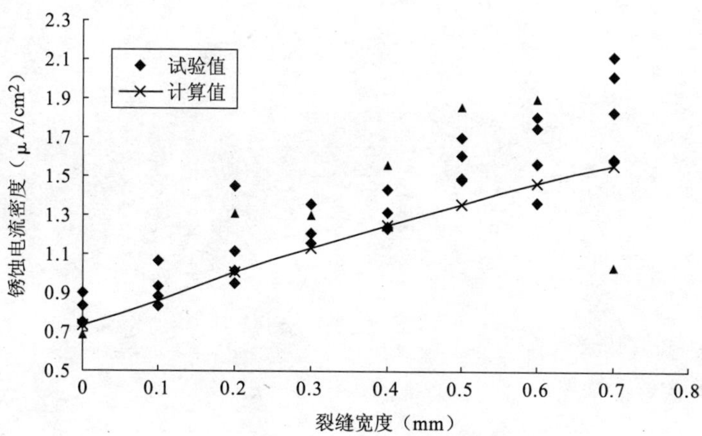

图 4—12　中部钢筋锈蚀电流密度—裂缝宽度变化图

4.4 小　　结

由于钢筋锈蚀产物的体积比铁的体积要大 2 ~ 6 倍,因此混凝土钢筋锈蚀一定时间后,由于锈蚀产物的体积膨胀,则必然会引起钢筋顺筋锈胀裂缝的产生。本章通过理论分析和实验研究,得出如下主要结论:

(1)在顺筋裂缝出现的时刻,钢筋表面基本全部活化并开始锈蚀,但钢筋朝向保护层的一面锈蚀较严重,背向保护层一面锈蚀较轻;并且钢筋锈蚀程度轻和锈蚀程度严重的区域都近似等于整个钢筋圆周面的一半。顺筋裂缝出现后,由于锈蚀产物的膨胀以及混凝土收缩的共同作用,使顺筋裂缝附近钢筋表面与混凝土脱开,氧气、水以及其他有害介质可以较容易地从裂缝处到达钢筋表面,并使背向保护层一面的钢筋锈蚀程度逐渐增加,并且锈蚀层的分布是距混凝土保护层表面越远其厚度越小。

(2)在混凝土构件表面顺筋裂缝出现时,混凝土内钢筋均已开始锈蚀,认为钢筋表面均处于活化状态,因此开裂后钢筋表面上有和开裂前相似的微电池锈蚀存在。在裂缝出现后,在裂缝区段内面向混凝土保护层和背向混凝土保护层的钢筋表面之间存在着氧气浓度的差异,从而具备形成"氧浓差"宏电池的客观条件。因此顺筋裂缝出现后,背向保护层的钢筋表面由于是低氧区段因而其锈蚀速率将增加,而面向保护层一侧的钢筋表面由于处于高氧区,其锈蚀速率将有所减少。

(3)实验数据表明,裂缝宽度小于0.2 mm 时,钢筋锈蚀电流密度和裂缝出现前相比不是太大;说明在裂缝小于0.2 mm 的情况下,裂缝对钢筋得锈蚀速率影响不大;裂缝宽度为0.2~0.6 mm 时,钢筋锈蚀速率随裂缝宽度的增大而增大。

(4)本章得出的顺筋裂缝钢筋锈蚀速率模型主要适用于裂缝宽度小于0.6 mm 的情况,裂缝宽度大于0.6 mm 时,钢筋的锈蚀类似于大气环境下钢筋的锈蚀,其锈蚀速率还需进一步进行研究。

第 5 章　荷载引起的横向裂缝区钢筋锈蚀速率

钢筋混凝土构件中的横向裂缝一般多是由构件荷载所引起,横向裂缝与钢筋垂直相交,二氧化碳、氧气、湿气等侵蚀性物质通过裂缝更加容易扩散到裂缝区段上钢筋的表面,而其他无裂缝处,这些侵蚀介质到达钢筋表面则要困难得多,因此,钢筋锈蚀时,构件裂缝的宽度、裂缝的间距对混凝土内钢筋的锈蚀必然产生严重的影响[135-139],但在相关文献中,钢筋锈蚀速率和横向裂缝宽度的关系并没有给出较明确的定量计算的模型,一般只有定性的研究结论。本文通过裂缝区钢筋与混凝土粘结损伤机理分析,以及产生横向裂缝混凝土梁的实验,研究横向裂缝区钢筋与混凝土界面影响钢筋锈蚀区域大小的钢筋与混凝土界面的损伤长度,并在此基础上根据电化学基本原理建立横向裂缝区钢筋锈蚀速率模型。

5.1　横向裂缝区钢筋与混凝土粘结界面的损伤长度

混凝土构件横向裂缝形成时,裂缝区混凝土与钢筋界面的粘结遭到破坏,在此区段上钢筋与混凝土界面要产生相对滑移,而使混凝土与钢筋脱开,这样氧气、水分可以从裂缝处很容易地到达损伤脱开后的钢筋表面。这一损伤脱开区段的长度简称为钢筋与混凝土界面的损伤长度,它的大小是确定横向裂缝区钢筋锈蚀时阳极区大小的基础。

5.1.1　影响损伤长度的因素

对于钢筋混凝土构件开裂机理和裂缝开展的理论目前主要有粘结—滑移理论、无粘结滑移理论和一般裂缝理论。《混凝土结构设计规范》(GB 50010—2002)采用的是一般裂缝理论计算混凝土表面的裂缝宽度,这一方法既考虑钢筋与混凝土间粘结滑移产生的变形,又考虑由于混凝土保护层弹性回缩所引起的裂缝尺寸的增加。根据这一理论可知,在构件开裂以前,截面应力应变较小,钢筋与混凝土协同受力,随着荷载的增加,截面应变不断增大,由于混凝土极限拉应变很小,当达到开裂荷载时,在抗拉能力最弱处,混凝土因达到极限拉应变而首先出现裂缝。在裂缝出现瞬间,原受拉张紧混凝土突然断裂收缩,应变能瞬时释放,使钢筋应力应变急增,因而在钢筋混凝土之间产生很大应变差,致使裂缝附近一个区段上的粘结作用遭受破坏或完全丧失。日本学者后藤幸正采用图 5—1 所示的装置[140],通过注入红墨水的方法研究了横向裂缝出现时钢筋与混凝土界面的微裂缝的扩展情况,其后研究者 Suzuki Kazuo 等人[141]通过类似的方法对部分预应力受弯梁进行了

研究,认为在横向裂缝区,钢筋表面与混凝土的损伤脱开长度与横向裂缝宽度成正比,其关系式为

$$L_{se}/w_{h}=365 \tag{5—1}$$

式中 L_{se}——裂缝尖端混凝土损伤脱开长度;

w_{h}——横向裂缝宽度。

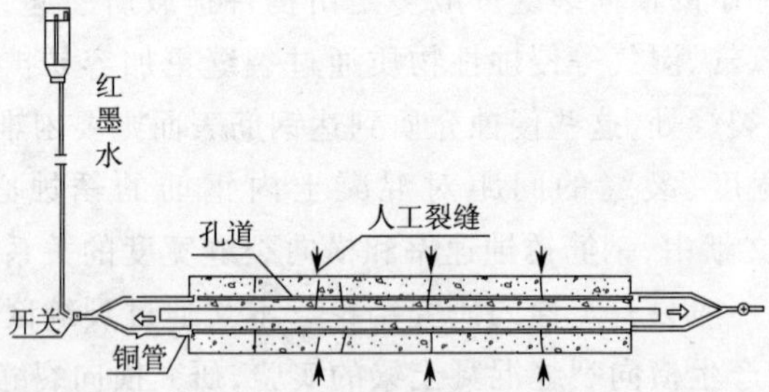

图 5—1 观察内裂缝的实验装置

通过上述的研究成果[141]可以看出,混凝土构件横向裂缝形成后,在横向裂缝底部钢筋与混凝土交界面上必有一区段上钢筋与混凝土粘结受到全部或部分破坏,这一区段上的钢筋将通过混凝土保护层的裂缝直接与大气环境相连,大气中的水蒸气和氧气可以直接到达钢筋表面,而改变这一区段钢筋的原来锈蚀状态,产生横向裂缝区的锈蚀。这一区段的长度称为钢筋与混凝土表面的损伤长度,这一长度也是环境中水、气易到达区域,如图 5—2 所示。

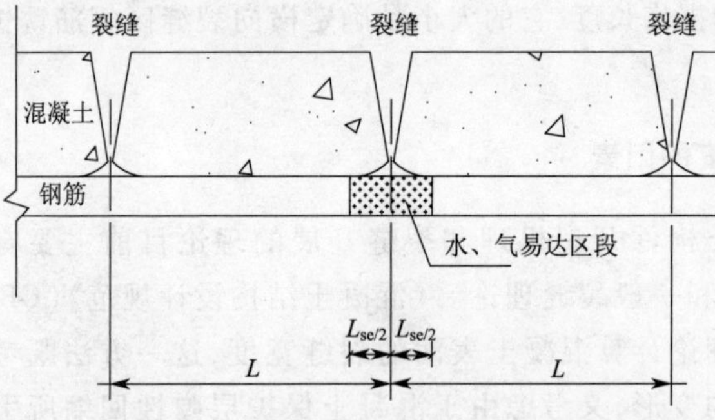

图 5—2 横向裂缝区粘结界面损伤长度示意图

由于混凝土材料本身的离散性等原因,使混凝土构件裂缝产生机理和发展趋势的研究较为困难。式(5—1)认为横向裂缝区钢筋表面与混凝土的损伤长度只和裂缝宽度成线性关系,但在实际构件钢筋锈蚀情况的调查中发现,裂缝宽度相同的混凝土构件,钢筋锈蚀的情况并不完全相同,其锈蚀区域的大小和构件的裂缝间距还有一定的关系,为简化计算,以构件理论计算的平均裂缝间距 l_{cr} 代表实际构件产生的实际裂缝间距,并假定水、气易达区段的长度与构件平均裂缝间距和混凝土表面裂缝宽

度成线性关系,即

$$l_{se}=\alpha\cdot l_{cr}+\beta\cdot w_{h} \tag{5—2}$$

式中 l_{se}——横向裂缝区钢筋与混凝土损伤的长度;

l_{cr}——构件平均裂缝间距;

w_h——混凝土表面裂缝宽度;

α,β——待定参数,可以通过实验确定。

又根据钢筋混凝土构件中钢筋与混凝土的粘结—滑移理论,可以得到钢筋混凝土受弯、偏心受压受拉构件的平均裂缝间距 l_{cr}[140]。

$$l_{cr}=(2.7c+0.1\frac{2r}{\rho_{te}})\nu \tag{5—3}$$

式中 c——最外一排受拉钢筋的净保护层厚度(mm);

R——钢筋半径(mm);

ρ_{te}——按有效受拉混凝土截面面积 A_{te} 计算的纵向受拉钢筋配筋率,其值为

$$\rho_{te}=\frac{A_{st}}{A_{te}}$$

其中 A_s——受拉钢筋截面面积,

A_{te}——有效受拉混凝土截面面积;

ν——纵向受拉钢筋表面特征系数,变形钢筋为 0.7,光园钢筋为 1.0。

将式(5—3)代入式(5—2),可得横向裂缝区钢筋脱开长度:

$$l_{se}=\alpha\cdot l_{cr}+\beta\cdot w=\alpha(2.7c+0.1\frac{2r}{\rho_{te}})\upsilon+\beta\cdot w_{h} \tag{5—4}$$

式中各符号意义同前。

5.1.2 脱开长度的实验测试

为了确定横向裂缝区钢筋与混凝土界面损伤长度的大小,则需确定式(5—4)中参数 α、β 的具体数值,本节通过在钢筋开槽、内部贴应变片和注入红墨水两种方法,来实测钢筋与混凝土界面的损伤长度,并通过回归分析的方法确定 α、β 的具体数值。

5.1.2.1 试件设计

试件采用如图 5—3 所示的尺寸($b\times h\times l$)为 150 mm × 65 mm × 920 mm 的钢筋混凝土扁梁,梁的混凝土配合比详见表 5—1,配置混凝土所用水泥为 R32.5 普通硅酸盐水泥,粗骨料最大粒径 15 mm,砂为河砂。试件中的钢筋采用了直径为 12 mm 的 HPB235 钢筋和直径 14 mm 的 HRB335 钢筋,同时考虑了两种混凝土保护层厚度,分别为 15、20 mm,构件具体尺寸和配筋如图 5—3 所示,试件分组情况见表 5—2。

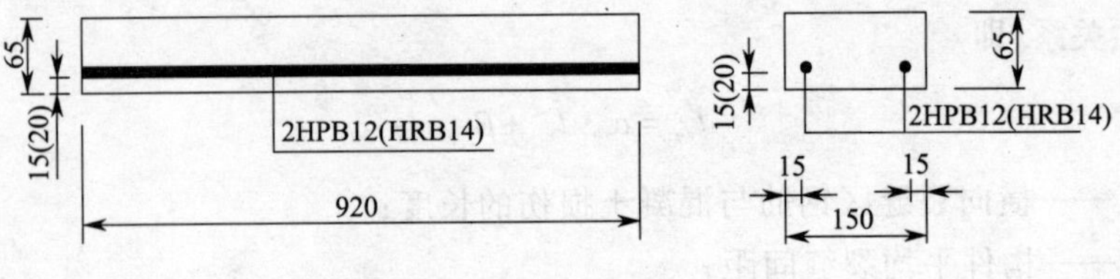

图 5—3　试样制作示意图

表 5—1　混凝土配合比(质量比)

水泥	砂	石子	水
1	1.75	2.98	0.55

表 5—2　试件分组情况表

试件编号	水灰比	混凝土保护层厚度(mm)	钢筋直径(mm)	钢筋类型	试件数量
BF1—1 ~ BF1—4	0.55	15	14	HRB335	4
BF2—1 ~ BF2—4	0.55	15	12	HPB235	4
BF5—1 ~ BF5—4	0.55	20	12	HPB235	4

实验中采用的加载装置如图 5—4 所示,为了准确测量在横向裂缝产生处钢筋与混凝土的脱开长度,监测裂缝区钢筋应力、应变的分布及发展情况,本实验将处于预计产生裂缝的区域的钢筋开槽并内贴应变片。开槽由铣床精密加工而成,凹槽的尺寸为 6 mm × 6 mm,槽内贴电阻应变片,应变片长度为 5 mm,设计应变片的间距尽可能密,应变片具体布置方式和在钢筋中的位置如图 5—5 所示。应变片的引出导线为直径较小的排线,沿凹槽内部由钢筋两端引出,贴片时用 502 胶水贴片,然后涂环氧树脂隔离,灌环氧树脂把凹槽填满,浇筑混凝土时,将凹槽的方向背向混凝土保护层。

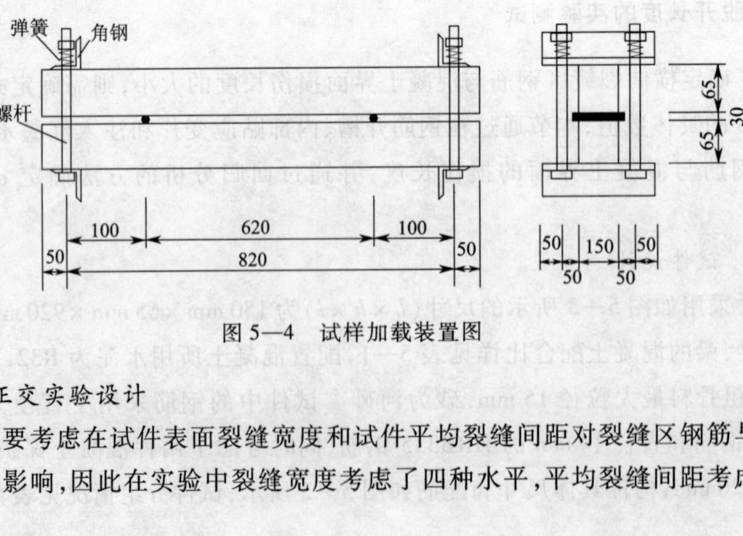

图 5—4　试样加载装置图

5.1.2.2　正交实验设计

实验主要考虑在试件表面裂缝宽度和试件平均裂缝间距对裂缝区钢筋与混凝土脱开长度的影响,因此在实验中裂缝宽度考虑了四种水平,平均裂缝间距考虑三种水平，根据正交实验得原则，具体实验次数与试件分组见表5—3。

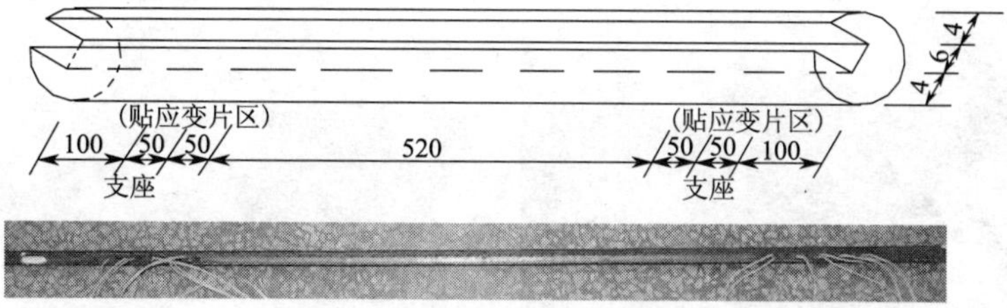

图5—5　开槽钢筋示意图

表5—3　正交实验设计表

实验号	试件编号	因素水平		实验号	试件编号	因素水平	
		裂缝宽度（mm）	计算平均裂缝间距（mm）			裂缝宽度（mm）	计算平均裂缝间距（mm）
1	BF1－1	0.1	43.4	7	BF1－3	0.3	43.4
2	BF2－1	0.1	65.6	8	BF2－3	0.3	65.6
3	BF5－1	0.1	75.5	9	BF5－3	0.3	75.5
4	BF1－2	0.2	43.4	10	BF1－4	0.4	43.4
5	BF2－2	0.2	65.6	11	BF2－4	0.4	65.6
6	BF5－2	0.2	75.5	12	BF5－4	0.4	75.5

5.1.2.3　实验过程

试件浇筑完成，混凝土初步硬化后，拆除模板，并将试件移到标准养护室养护，28 d后取出。在室内正常环境中放置了大约2个月后进行实验。在实验中，构件加载由压力扳手完成，加载的同时利用数据采集仪采集布置在裂缝区域各应变片的应变值，并用读数显微镜随时观测混凝土表面裂缝宽度，达到实验预先设计的裂缝宽度后，停止加载，将红墨水滴入裂缝区，10 min裂缝基本稳定后凿开构件裂缝区段的混凝土保护层，用游标卡尺量测钢筋表面的被染色区段的长度，实验照片如图5—6、图5—7所示。

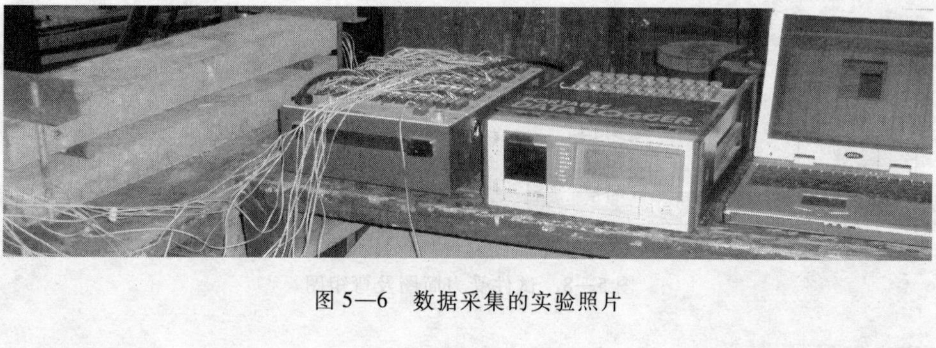

图5—6　数据采集的实验照片

(a) 变形钢筋

(b) 光圆钢筋

图 5—7　裂缝处凿开后实验照片

5.1.3　实验结果及参数确定

根据图 5—4 所示加载装置的特点,忽略梁自重的影响,实验混凝土梁的受力简图和受力后的弯矩图如图 5—8 所示。构件的受力特点是在支座中间范围内弯矩相等,当荷载加到一定程度,首先在支座处产生裂缝。又根据横向裂缝区钢筋的受力特点,构件在钢筋与混凝土完全脱开长度范围内,钢筋与混凝土的粘结力完全消失,构件截面上弯矩所产生的拉力全部由钢筋承担。在混凝土和钢筋粘结不受影响的区段,钢筋与混凝土共同来承担截面弯矩产生的拉力,在两支座范围内,理论上钢筋的应变图形应为图 5—9 所示,与混凝土仍有较好粘结部分 D 处的钢筋应变值小于粘结破坏区段的钢筋的应变值,并在等弯段保持不变(第二条裂缝没出现前)。这样,由裂缝区域所帖应变片的应变值发生变化的规律即可判定出 BD 段即钢筋与混凝土界面损伤长度的大小,再近似认为裂缝两侧钢筋与混凝土的脱开长度是对称的,即 AB 段钢筋与混凝土的脱开长度也等于 BD 段长度,于是整个裂缝区钢筋与混凝土界面的脱开长度即可计算出来。实测裂缝区等弯段一侧钢筋应变沿长度的变化曲线如图 5—10 所示,所由应变测量所得到的裂缝区钢筋与混凝土界面脱开长度值见表 5—4。

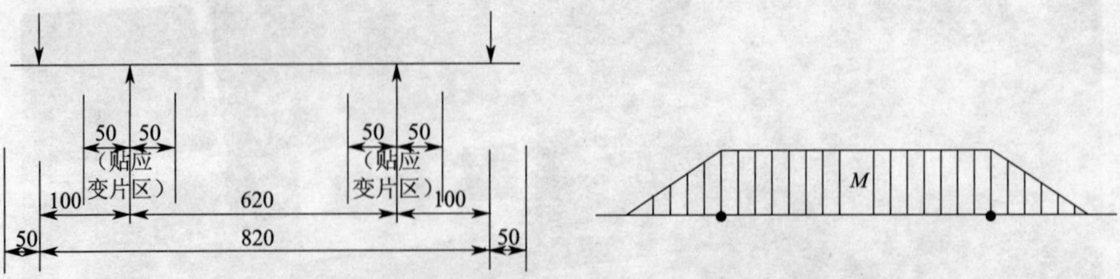

图 5—8　试件受力简图及弯矩图

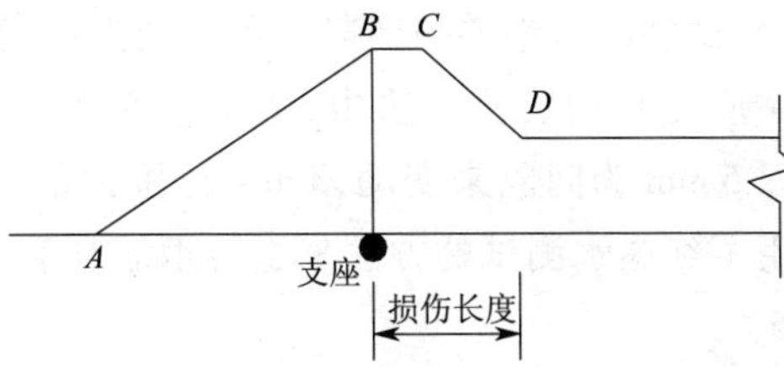

图 5—9　裂缝附近钢筋应变及损伤长度示意图

表 5—4　应变实验测试结果比较(mm)

脱开长度 裂缝宽度 测试方法	0.1	0.2	0.3	0.4
应变测量	20	25	30	40
红墨水测试	17.48	29.05	30.61	34.16

图 5—10 中 0 点对应的应变为裂缝中心钢筋应变(图 5—9 中 *B* 点),从图 5—10可以看出,裂缝中心处钢筋的应变值明显大于等弯段一侧离裂缝较远处的钢筋应变,裂缝宽度在 0.1 ~ 0.2 mm 时,距离裂缝大于 10 mm 处,钢筋应变变化幅度明显减小,说明在此位置钢筋与混凝土的粘结基本完好。我们以和其后应变片的应变值差值小于 10% 的应变点作为损伤长度的终点(即图 5—9 中的 *D* 点),判断钢筋与混凝土粘结损伤长度的大小,这样根据实验所测试的每个应变片的数值及其距离裂缝中心应变片的距离,就可以确定钢筋与混凝土界面损伤长度的大小。

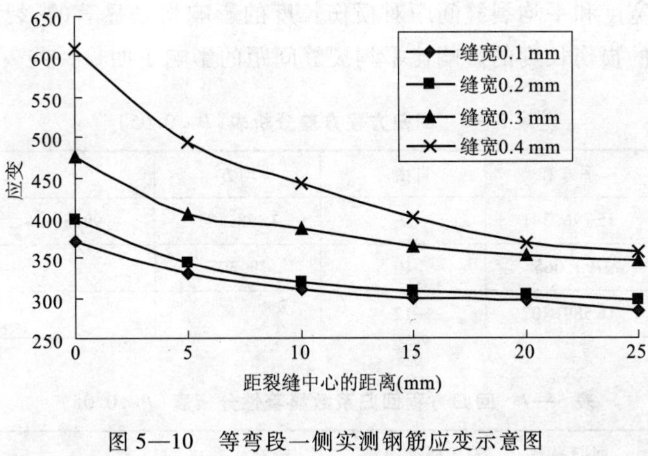

图 5—10　等弯段一侧实测钢筋应变示意图

在每一级设计裂缝宽度下,在钢筋的应变测试完成后,解除数据采集仪等测试设备,向裂缝区滴入红墨水,等待 10 min 凿出混凝土保护层后,用游标卡尺测量红墨水在钢筋表面的染色长度,近似得出钢筋与混凝土的损伤长度。通过钢筋的应变和红墨水染色两种实验方法得到的裂缝区钢筋与混凝土损伤长度的比较见表 5—4。

从表 5—4 所示的结果可以看出，钢筋应变和滴入红墨水的结果比较接近，说明采用滴入红墨水的方法测试裂缝区钢筋与混凝土界面的损伤脱开度得出的结果也是可行的。另一方面，在贴应变片的实验方法中，由于应变片自身的长度和间距的限制，其测试的数据只能以 5 mm 为间隔来变动，5 mm 范围内的数据测量不到，因此在其他构件的测试中，只用了红墨水测试的方法来进行钢筋与混凝土脱开长度的测量，具体测量结果见表 5—5。

表 5—5　实验测试结果（mm）

测试结果 平均裂缝间距 / 裂缝宽度	43.4	65.6	75.5
0.1	20.14	17.48	25.18
0.2	26.6	29.05	46.07
0.3	49.04	30.61	51.35
0.4	47.25	34.16	56.82

由表 5—5 所示的测试结果，利用统计分析软件 SPSS 进行数据的多元线性回归分析[121,122]，得出回归方程：

$$l_{se}=0.233\cdot l_{cr}+82.38\cdot w_{h} \tag{5—5}$$

对回归方程(5—5)进行方差分析及回归系数的显著性分析，结果见表 5—6 和表 5—7，从表中数据可以看出回归方程的 Sig. =0.00 <0.05，说明在 0.05 的置信水平下，方程具有明显的统计学意义；两回归系数的 Sig. 值均小于 0.05，也说明在此置信水平下裂缝宽度和平均裂缝间距对损伤长度的影响均是显著的，裂缝宽度对钢筋与混凝土表面的损伤长度的影响比平均裂缝间距的影响更明显一些。

表 5—6　回归方程方差分析表（$P<0.05$）

项　目	平方和	自由度	均方	F	Sig.
回归	15796.341	2	7898.171	99.590	.000
余差	793.065	10	79.307		
全体	16589.407	12			

表 5—7　回归方程回归系数显著性分析表（$P<0.05$）

项　目	回归系数	标准误差	标准化系数	t	Sig.
裂缝宽度	82.380	20.755	0.607	3.969	0.003
平均裂缝间距	0.233	0.090	0.395	2.585	0.027

于是，将裂缝间距与混凝土保护层后及钢筋直径的关系式（5—3）带入式

(5—5),横向裂缝区钢筋混凝土的损伤长度与混凝土表面裂缝宽度、钢筋直径以及混凝土保护层厚度的统计关系为

$$l_{se}=0.233\cdot l_{cr}+82.38\cdot w_h=0.233\cdot\left(2.7c+0.1\frac{d}{\rho_{te}}\right)\nu+82.38\cdot w_h \quad (5—6)$$

式中 l_{se}——横向裂缝区钢筋与混凝土损伤的长度;

l_{cr}——构件平均裂缝间距;

w_h——混凝土表面裂缝宽度;

c——最外一排受拉钢筋的净保护层厚度;

d——钢筋直径;

ρ_{te}——按有效受拉混凝土截面面积 A_{te} 计算的纵向受拉钢筋配筋率,其值为

$$\rho_{te}=\frac{A_s}{A_{te}}$$

其中 A_s——受拉钢筋面积,

A_{te}——有效受拉混凝土截面面积;

ν——纵向受拉钢筋表面特征系数,对变形钢筋为0.7,光圆钢筋为1.0。

根据式(5—6),只要知道构件保护层厚度、钢筋直径及配筋的特征,测出构件表面的裂缝宽度即可推测裂缝区钢筋与混凝土的损伤长度。

5.2 横向裂缝区钢筋锈蚀速率模型

实际工程中的钢筋混凝土构件,其荷载产生的横向裂缝出现的时间可能在混凝土中钢筋活化前,也可能在钢筋活化后。前一种情况下,裂缝出现前钢筋全部处于钝化状态,裂缝出现使裂缝区钢筋表面钝化膜首先破坏,与无裂缝区仍处于钝态的钢筋形成钝化—活化宏电池;第二种情况,裂缝出现前钢筋全部活化已开始锈蚀,则裂缝出现后裂缝区氧浓度比无裂缝区氧浓度高,形成“氧浓差”宏电池。下面根据这两种情况分别建立其钢筋锈蚀速率模型。

5.2.1 横向裂缝出现时钢筋仍处于钝化状态的情况

混凝土构件横向裂缝出现前,混凝土碳化或 Cl^- 侵蚀未达到钢筋表面,构件中钢筋表面钝化膜没有破坏,钢筋仍处于钝化状态;横向裂缝出现后,在横向裂缝处钢筋与混凝土脱开长度范围内的钢筋表面,水、二氧化碳、Cl^- 等侵蚀介质可以很快到达,使脱开长度范围内的钢筋表面的钝化膜受到破坏而开始活化锈蚀,此时裂缝间距其他范围内的钢筋表面钝化膜仍完好,因此仍处于钝化状态,此时裂缝区与混凝土表面脱开长度范围内已活化的钢筋表面和裂缝间距其他范围内的钢筋表面形成“活化—钝化”宏电池;裂缝处已活化的钢筋表现为锈蚀宏电池的阳极,裂缝间距内其他仍处于钝态的钢筋表现为阴极,如图 5—11 所示。在这种情况下,可以认为裂缝区钢筋与

混凝土的脱开长度范围内的钢筋区段长度即为阳极区长度 L_a，裂缝间距其他范围内的钢筋区段即阴极区长度 L_c，则

$$l_a = l_{se} = 0.233 \cdot l_{cr} + 82.38 \cdot w_h = 0.233 \cdot (2.7c + 0.1\frac{d}{\rho_{te}})\nu + 82.38 \cdot w_h \tag{5—7}$$

$$l_c = L_{cr} - l_a \tag{5—8}$$

式中 l_a——钢筋锈蚀阳极区长度；

l_c——钢筋锈蚀阴极区长度；

L_{cr}——混凝土构件实际的裂缝间距；

其余符号意义同前。

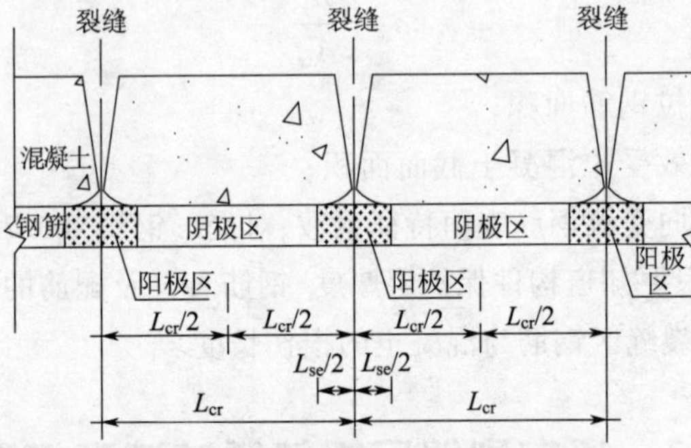

图 5—11 横向裂缝区钢筋锈蚀的阴阳极分布规律图

又由于混凝土构件的实际裂缝间距具有很大的随机性，工程中常用平均裂缝间距代表实际构件可能产生的裂缝间距，即认为构件实际裂缝间距 L_{cr} 近似等于构件平均裂缝间距 l_{cr}，于是式(5—8)可转化为

$$l_c = L_{cr} - l_a = l_{cr} - l_a \tag{5—9}$$

再将式(5—7)代入(5—9)，得

$$l_c = l_{cr} - l_a = 0.767L_{cr} - 82.38w_h$$

$$= 0.767(2.7c + 0.1\frac{2r}{\rho_{te}})\nu - 82.38 \cdot w_h \tag{5—10}$$

式中 c——混凝土保护层厚度；

r——钢筋半径；

其余符号意义同前。

于是，钢筋锈蚀阴极区的阴极和阳极面积分别为

$$S_c = \pi \cdot 2r \cdot l_c \tag{5—11}$$

$$S_a = \pi \cdot 2r \cdot l_a \tag{5—12}$$

在这种情况下，横向裂缝区钢筋的锈蚀是明显的局部锈蚀，此时钢筋锈蚀的阴阳极面积比为

$$\frac{S_c}{S_a}=\frac{l_c}{l_a}=\frac{0.767\left(2.7c+0.1\dfrac{2r}{\rho_{te}}\right)-82.38\cdot w_h}{0.233\left(2.7c+0.1\dfrac{2r}{\rho_{te}}\right)+82.38\cdot w_h} \tag{5—13}$$

裂缝区钢筋锈蚀是典型的“宏电池锈蚀”，并且裂缝处钢筋锈蚀速率的发展和外界环境对裂缝处锈蚀产物的作用方式有关，一般来讲有锈蚀产物堆积和持续冲刷（产物无法堆积）两种模式，也就是说裂缝区钢筋锈蚀速率随时间的变化关系较为复杂，因此本书不考虑裂缝区钢筋锈蚀速率随时间的变化规律，只考虑锈蚀初期钢筋的裂缝区锈蚀速率的近似计算模型。

与第3章相同，假设在高湿条件下钢筋锈蚀氧扩散控制、一般湿度条件下要考虑混凝土电阻的影响，将式(5—13)代入第3章中推导的电化学基本模型式(3—41)和式(3—68)，于是：

(1)在高湿条件下，横向裂缝区钢筋锈蚀电流和电流密度可分别表达为

$$\begin{aligned} i_a &=\alpha\cdot n_cFD_{c0}\frac{L_c[O_2]^0}{\pi dc}\frac{S_c}{S_a}\\ &=\alpha\cdot n_cFD_{c0}\frac{L_c[O_2]^0}{\pi dc}\frac{0.767\left(2.7c+0.1\dfrac{2r}{\rho_{te}}\right)-82.38\cdot w_h}{0.233\left(2.7c+0.1\dfrac{2r}{\rho_{te}}\right)+82.38\cdot w_h} \end{aligned} \tag{5—14}$$

式中 $D_{c0}=2.183\times10^{-9}(w/c)^{2.346}T_c^{\ 0.423}RH^{-3.247}$ (5—14a)

对于中部钢筋 $L_c=\begin{cases}L_{cz}=(s+2r) & s\leqslant 2c\\ L_{cz}=(2c+2r) & s>2c\end{cases}$ (5—14b)

对于角部钢筋 $L_c=\begin{cases}L_{cj}=(s+2c+4r) & s\leqslant 2c\\ L_{cj}=(4c+4r) & s>2c\end{cases}$ (5—14c)

(2)根据第3章所得出的非高湿条件下钢筋锈蚀速率和高湿条件下的关系式(3—68)，同时考虑计算高湿环境下钢筋锈蚀电流密度时近似取相对湿度为95%，于是可以得出一般湿度条件下横向裂缝区钢筋锈蚀的电流密度为

$$i_{a1}=\frac{\Delta E i_a}{\Delta E+\dfrac{\rho_{con}i_a}{300r}} \tag{5—15}$$

式中 $\Delta E=1.27+1.58\times10^{-3}T_c$ (5—15a)

$$i_a=\alpha\cdot n_cFD_{c0}\frac{L_c[O_2]^0}{\pi dc}\cdot\frac{0.767\left(2.7c+0.1\dfrac{2r}{\rho_{te}}\right)-82.38\cdot w_h}{0.233\left(2.7c+0.1\dfrac{2r}{\rho_{te}}\right)+82.38\cdot w_h} \tag{5—15b}$$

$D_{c0}=2.578\times10^{-9}(w/c)^{2.346}T_c^{\ 0.423}$ (5—15c)

$$\rho_{con}=[k\cdot(k_{Cl^-}-1.8)+100(RH-1)^2+40]\cdot\exp\left[3\,000\left(\frac{1}{T_c+273}-\frac{1}{298}\right)\right] \tag{5—15d}$$

对于中部钢筋 $L_c=\begin{cases}L_{cz}=(s+2r) & s\leqslant 2c\\ L_{cz}=(2c+2r) & s>2c\end{cases}$ (5—15e)

对于角部钢筋 $L_c=\begin{cases}L_{cj}=(s+2c+4r) & s\leqslant 2c\\ L_{cj}=(4c+4r) & s>2c\end{cases}$ (5—15f)

式中 i_{al}——一般湿度环境下横向裂缝时刻钢筋锈蚀电流密度(A/m^2)；

ΔE——钢筋锈蚀阴阳极间初始电位差(V)；

i_a——按高湿环境条件计算的钢筋锈蚀电流密度(A/m^2)；

ρ_{con}——混凝土电阻率($\Omega\cdot m$)；

r——钢筋半径(m)；

d——钢筋直径(m)；

T_c——为环境摄氏温度(℃)；

n_c——为阴极反应单位氧的电子数，$n_c=4$；

F——为法拉第常数，$F=96\,500$ C/mol；

α——氧气在水中溶解度，其值一般为 0.025～0.028；

ρ_s——钢筋的密度，一般为 7 800 kg/m^3；

D_{c0}——钢筋锈蚀开始前混凝土保护层氧气扩散系数初始值(m^2/s)；

$[O_2]^0$——混凝土构件外氧气的浓度，一般大气环境下为 8.67 mol/m^3；

RH——环境湿度；

k——和混凝土水灰比相关的系数，混凝土水灰比在 0.3～0.4 时，$k=-11.1$；水灰比在 0.5～0.6 时，$k=-5.6$；

k_{Cl^-}——Cl^- 含量(占水泥质量的百分比)；

w/c——混凝土水灰比；

L_c——沿混凝土构件截面向钢筋传输氧气的透氧长度(m)；

s——纵向钢筋间距(m)；

c——钢筋保护层厚度(m)；

ρ_{te}—按有效受拉混凝土截面面积 A_{te} 计算的纵向受拉钢筋配筋率，其值为

$$\rho_{te}=\frac{A_s}{A_{te}}$$

其中 A_s——受拉钢筋面积，

A_{te}——有效受拉混凝土截面面积，

w_h——混凝土表面横向裂缝宽度(m)。

5.2.2 横向裂缝出现前全部钢筋已经活化的情况

5.2.2.1 “氧浓差”宏电池锈蚀机理

如果横向裂缝出现前构件中整个钢筋都已经活化,也就是说全部钢筋已经锈蚀了一段时间,则横向裂缝出现后,裂缝区钢筋和裂缝间距范围内的钢筋自身都会产生微电池锈蚀,又因为裂缝处氧气比较容易到达钢筋表面,而不容易到达裂缝间距区段内的钢筋表面,因此裂缝区段范围钢筋和裂缝间距间区段的钢筋会形成“氧浓差”宏电池。根据金属腐蚀学基本理论可知,当在金属表面形成供氧差异时,与氧浓度低的介质相接触表面区域的阳极溶解过程变得比原来表而容易进行,而与氧浓度高的溶液相接触表面区域的阳极溶解过程则变得比原来难以进行,实际工程中常见的“水线”锈蚀以及埋地管道穿越黏土和砂土交界面时在黏土中锈蚀较严重的现象都是由于“氧浓差”宏电池锈蚀所造成的。

因此,对于裂缝出现前钢筋均活化锈蚀的钢筋混凝土构件而言,如图 5—12 所示,横向裂缝出现后,裂缝区域钢筋与混凝土脱开长度范围上的 A 段钢筋由于外界空气可以直接到达其表面,而使其表面氧浓度明显高于裂缝间距内其他区段(B 和 C 区段)的氧浓度,因而此时氧浓度高的 A 区段将作为“氧浓差”宏电池的阴极,而 B 和 C 两区段钢筋将作为宏电池阳极,但 B、C 两区段相比较,和阴极交界处的 B 区段锈蚀将更为严重。这种情况下,就整个构件钢筋长度而言,由于裂缝区钢筋与混凝土脱开长度范围内的 A 区段钢筋阴极长度相对较小,锈蚀严重的 B 区段又非常接近裂缝区段,因此在钢筋锈蚀后试件的破形观察上,主要锈蚀产物作用于裂缝附近,宏观上仍表现为表现为裂缝区域锈蚀严重。

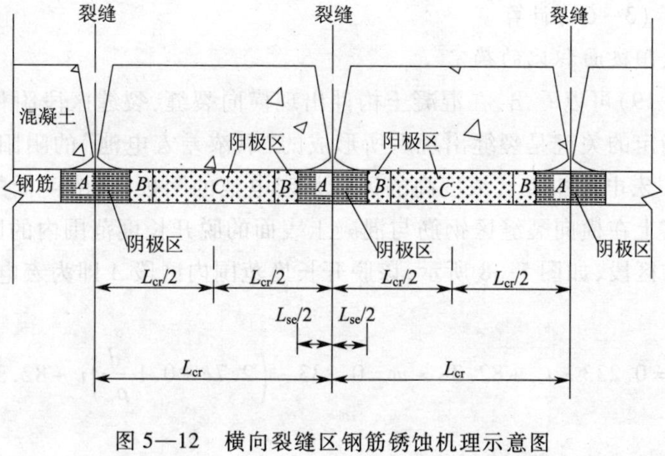

图 5—12 横向裂缝区钢筋锈蚀机理示意图

5.2.2.2 电化学模型的推导

根据电化学理论[13,14],将两段原来单独处于高氧区和低氧区分别锈蚀的金属连接在一起后,低氧区段作为宏电池的阳极,其锈蚀电流密度为

$$\ln i_a = \frac{E_{corr2} - E_{corr1}}{\beta_a + \beta_c} + \frac{\beta_a}{\beta_a + \beta_c}\ln i_{corr1} + \frac{\beta_c}{\beta_a + \beta_c}\ln i_{corr2} + \frac{\beta_c}{\beta_a + \beta_c}\ln \frac{S_c}{S_a} \quad (5—16)$$

式中　i_a——连接后金属阳极锈蚀电流密度；

i_{corr1}——连接前低氧区段金属阳极锈蚀电流密度；

i_{corr2}——连接前高氧区段金属阳极锈蚀电流密度；

E_{corr1}——连接前低氧区段金属锈蚀电位；

E_{corr2}——连接前高氧区段金属锈蚀电位；

β_a——阳极 Tafel 常数；

β_c——阴极 Tafel 常数；

S_c——阴极面积；

S_a——阳极面积。

对于混凝土构件，假设裂缝出现前钢筋锈蚀为"均匀"锈蚀，则裂缝出现前区段间锈蚀电位和锈蚀电流密度相同，即

$$E_{corr1} = E_{corr2}, i_{corr1} = i_{corr2} = i'_{tw} \quad (5—17)$$

又根据文献[5,126]，混凝土中钢筋锈蚀时，其阳极 Tafel 常数一般为 β_a = 90 mV/dec，阴极 Tafel 常数一般为 β_c = 110 mV/dec，于是，式(5—17)可转换为

$$\ln i_a = \ln i'_{tw} + 0.55\ln \frac{S_c}{S_a} \quad (5—18)$$

于是

$$i_a = i'_{tw}\left(\frac{S_c}{S_a}\right)^{0.55} \quad (5—19)$$

式中　i'_{tw}——横向裂缝出现前钢筋锈蚀电流密度，假设横向裂缝出现前钢筋的锈蚀为均匀锈蚀，高湿条件下和非高湿条件下分别可按式(3—41)和式(3—68)计算。

5.2.2.3　阴、阳极面积比的确定

由式(5—19)可以看出，在混凝土构件出现横向裂缝，裂缝区段附件的钢筋的锈蚀电流密度确定的关键是裂缝出现后所形成的"氧浓差宏电池"的阴阳极面积大小。由于"氧浓差"宏电池中氧气浓度高的区域是宏电池的阴极，氧浓度低的区域为宏电池阳。而事实上在横向裂缝区钢筋与混凝土表面的脱开长度范围内的区段是外界氧气容易到达的区段，如图 5—8 所示，该脱开长度范围内区段 A 即为宏电池的阴极，于是：

$$l_c = l_{se} = 0.233 \cdot l_{cr} + 82.38 \cdot w = 0.233 \cdot \left(2.7c + 0.1\frac{d}{\rho_{te}}\right)\upsilon + 82.38 \cdot w_h \quad (5—20)$$

对于"氧浓差"宏电池中的阳极区域，其长度为如图 3—8 所示 B 和 C 区段长度，同时裂缝间距以构件平均裂缝间距表示，则裂缝间距范围内钢筋阳极区长度为

$$l_a = l_{cr} - l_c = = 0.767\left(2.7c + 0.1\frac{2r}{\rho_{te}}\right)\upsilon - 82.38 \cdot w_h \quad (5—21)$$

式中各参数意义同前。

在"氧浓差"宏电池锈蚀的情况下，钢筋锈蚀阴极区的阴极和阳极面积分别为

$$S_c = \pi \cdot 2r \cdot l_c \tag{5—22}$$

$$S_a = \pi \cdot 2r \cdot l_a \tag{5—23}$$

在这种情况下，钢筋锈蚀的阴阳极面积比为

$$\frac{S_c}{S_a} = \frac{l_c}{l_a} = \frac{0.233\left(2.7c + 0.1\dfrac{2r}{\rho_{te}}\right) + 82.38 \cdot w_h}{0.767\left(2.7c + 0.1\dfrac{2r}{\rho_{te}}\right) - 82.38 \cdot w_h}$$

$$= \frac{0.047(13.5c\rho_{te} + r) + 82.38w_h\rho_{te}}{0.153(13.5c\rho_{te} + r) - 82.38w_h\rho_{te}} \tag{5—24}$$

将式(5—24)代入式(5—19)，得

$$i_a = i'_{tw}\left(\frac{S_c}{S_a}\right)^{0.55} = i'_{tw}\left[\frac{0.047(13.5c\rho_{te} + r) + 82.38w_h\rho_{te}}{0.153(13.5c\rho_{te} + r) - 82.38w_h\rho_{te}}\right]^{0.55} \tag{5—25}$$

式中　i'_{tw}——横向裂缝出现前钢筋锈蚀电流密度，在高湿条件下和非高湿条件下分别可按式(3—41)和式(3—68)计算，即

高湿条件下　$$i'_{tw} = \alpha \cdot n_c F D_c \frac{L_c[O_2]^0}{\pi dc}\frac{S_c}{S_a} \tag{5—26}$$

其中　$$D_{c0} = 2.183 \times 10^{-9}(w/c)^{2.346} T_c^{0.423} RH^{-3.247} \tag{5—26a}$$

对于中部钢筋　$$L_c = \begin{cases} L_{cz} = (s + 2r) & s \leqslant 2c \\ L_{cz} = (2c + 2r) & s > 2c \end{cases} \tag{5—26b}$$

对于角部钢筋　$$L_c = \begin{cases} L_{cj} = (s + 2c + 4r) & s \leqslant 2c \\ L_{cj} = (4c + 4r) & s > 2c \end{cases} \tag{5—26c}$$

非高湿条件下　$$i'_{tw} = \frac{\Delta E I_d}{(\Delta E + R I_d) S_a} = \frac{\Delta E i_a}{\Delta E + \dfrac{\rho_{con} i_a}{300r}} \tag{5—27}$$

其中　$$\Delta E = 1.27 + 1.58 \times 10^{-3} T_c \tag{5—27a}$$

$$i_a = \alpha \cdot n_c F D_{c0} \frac{L_c[O_2]^0}{\pi dc} \tag{5—27b}$$

$$D_{c0} = 2.578 \times 10^{-9}(w/c)^{2.346} T_c^{0.423} \tag{5—27c}$$

$$\rho_{con} = [k \cdot (k_{Cl^-} - 1.8) + 100(RH - 1)^2 + 40] \cdot \exp\left[3000\left(\frac{1}{T_c + 273} - \frac{1}{298}\right)\right] \tag{5—27d}$$

对于中部钢筋　$$L_c = \begin{cases} L_{cz} = (s + 2r) & s \leqslant 2c \\ L_{cz} = (2c + 2r) & s > 2c \end{cases} \tag{5—27e}$$

对于角部钢筋　$$L_c = \begin{cases} L_{cj} = (s + 2c + 4r) & s \leqslant 2c \\ L_{cj} = (4c + 4r) & s > 2c \end{cases} \tag{5—27f}$$

式中 t_w——横向裂缝出现前钢筋已经锈蚀的时间(d);

i_{al}——般湿度环境下横向裂缝出现前 t_w 时刻钢筋锈蚀电流密度(A/m^2);

ΔE——钢筋锈蚀阴阳极间初始电位差(V);

i_a——按高湿条件计算,横向裂缝出现前钢筋锈蚀电流密度(A/m^2);

ρ_{con}——混凝土电阻率($\Omega \cdot m$);

r——钢筋半径(m);

d——钢筋直径(m);

T_c——环境摄氏温度(℃);

n_c——阴极反应单位氧的电子数,$n_c = 4$;

F——法拉第常数,$F = 96\,500$ C/mol;

α——氧气在水中溶解度,其值一般为 0.025 ~ 0.028;

ρ_s——钢筋的密度,一般为 7 800 kg/m^3;

D_{c0}——钢筋锈蚀开始前混凝土保护层氧气扩散系数初始值(m^2/s);

$[O_2]^0$——混凝土构件外氧气的浓度,一般大气环境下为 8.67 mol/m^3;

RH——环境湿度;

k——和混凝土水灰比相关的系数,混凝土水灰比在 0.3 ~ 0.4 时,$k = -11.1$;水灰比在 0.5 ~ 0.6 时,$k = -5.6$;

k_{Cl^-}——Cl^- 含量(占水泥质量的百分比);

w/c——混凝土水灰比;

L_c——沿混凝土构件截面向钢筋传输氧气的透氧长度(m);

s——纵向钢筋间距(m);

c——钢筋保护层厚度(m);

w_h——混凝土表面横向裂缝宽度(m)。

5.3 横向裂缝宽度对钢筋锈蚀速率的影响规律

为了揭示横向裂缝出现后裂缝宽度对钢筋锈蚀速率的影响规律,验证上述模型的适用性,在人工气候室中采用先加载出现裂缝,后在裂缝区喷洒盐水使裂缝区钢筋先活化的方法模拟裂缝出现前钢筋仍处于钝态的情况;同时采用盐水浸泡试件使钢筋先活化锈蚀,后加载产生裂缝模拟裂缝出现前钢筋以全部活化的情况,分别进行实验研究,确定两种情况下裂缝宽度对钢筋锈蚀速率的影响规律。

5.3.1 盐水喷洒试件实验结果与分析

试件采用为 150 mm × 65 mm × 920 mm 的混凝土扁梁,具体尺寸见图 5—3,混凝土配合比见表 5—1,实验中水泥采用 R32.5 普通硅酸盐水泥,粗骨料最大粒径 15 mm,坍落度 70 mm,试件中纵筋采用 HPB235ϕ12 mm 钢筋,混凝土保护层厚度为 15 mm。试件浇筑完拆模后放入标准养护室养护 28 d 后取出,然后将试件施加载荷使其产生裂缝,再喷浓度为

5% 盐水引入 Cl^- 使裂缝区域钢筋先活化;加载装置如图 5—4 所示。裂缝区钢筋活化后进行钢筋锈蚀电流密度的测试,测量仪器为 GECOR8 钢筋锈蚀速率测试仪。

从图 5—13 中可以看出,构件实际产生裂缝宽度和预先设计的裂缝宽度稍有差别,实验结果处理中以实际产生的裂缝宽度为准。另外,对于裂缝宽度为 0.1 mm 的构件,其裂缝裂缝只在支座处产生,而对于裂缝宽度为 0.3 mm 和 0.5 mm 的试件,在构件中部等弯段也出现了不等宽度的裂缝。实验中,在每条裂缝处利用 GECOR8 钢筋锈蚀速率测量裂缝处钢筋锈蚀电流密度。由于试件是先产生裂缝后在进行盐水喷洒而使裂缝区钢筋活化,而裂缝区段的钢筋仍处于钝化状态,因此其锈蚀符合“钝化—活化”宏电池锈蚀的特征,即可用式(5—15)计算裂缝区钢筋锈蚀电流密度,计算值和实测值的比较如图 5—14 所示。

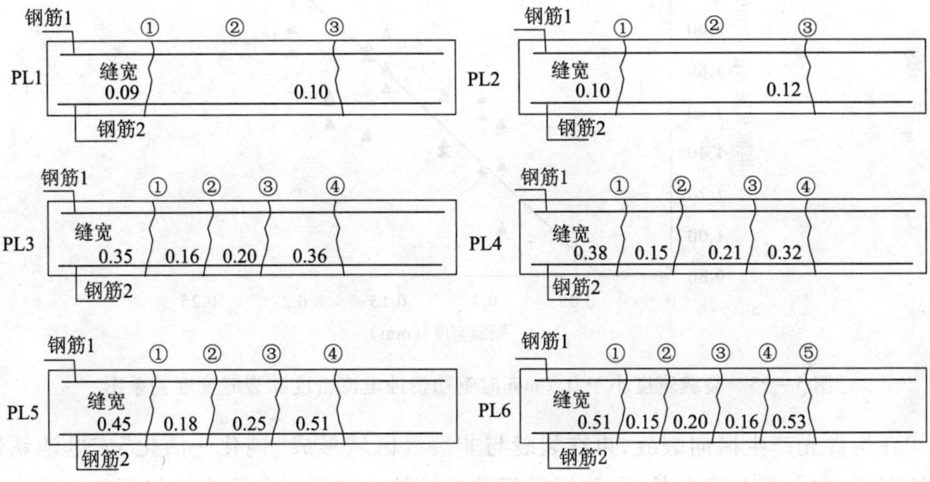

图 5—13 喷洒盐水试件裂缝示意图(mm)

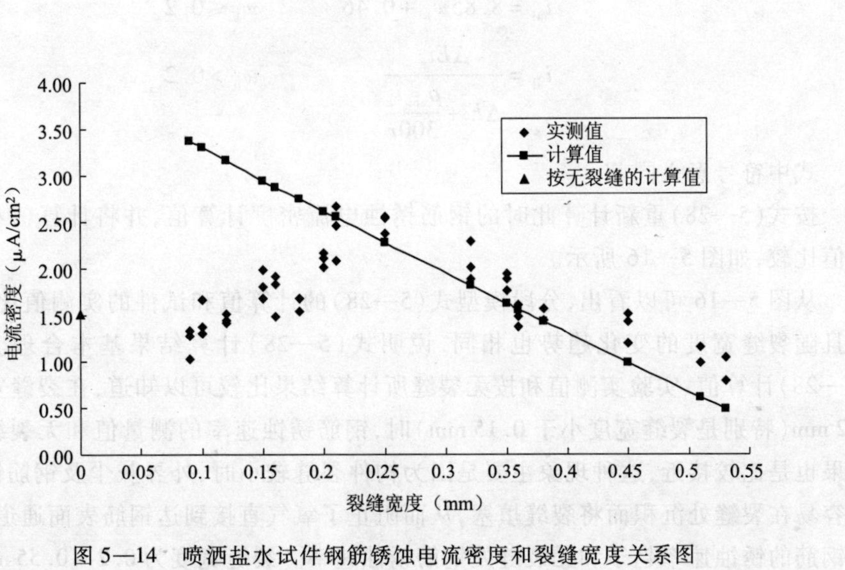

图 5—14 喷洒盐水试件钢筋锈蚀电流密度和裂缝宽度关系图

从图5—14所示的喷洒盐水试件的实验结果来看，当构件混凝土保护层裂缝宽度小于0.2 mm时，裂缝处钢筋锈蚀电流密度的实测值与用式(5—15)所计算的计算值相差较大，式(5—15)不能描述裂缝宽度小于等于0.02 mm时的情况，即式(5—15)对于横向裂缝宽度小于0.2 mm的情况不适用，因此我们将裂缝宽度小于0.2 mm时所测的钢筋锈蚀电流密度值单独取出进行回归分析，可以得到在此裂缝宽度范围内钢筋锈蚀电流密度和裂缝宽度的回归方程，如图5—15所示。

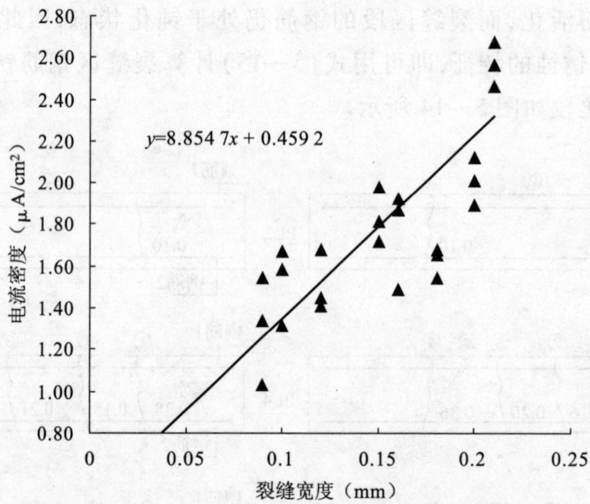

图5—15　裂缝宽度小于0.2 mm时钢筋锈蚀电流密度和裂缝宽度关系图

在构件先产生横向裂缝，再在裂缝与非裂缝区域形成“钝化—活化”宏电池锈蚀的情况下，在一般湿度条件下，裂缝区钢筋锈蚀的速率可以分段表达如下：

$$i_{\mathrm{al}}=8.85w_{\mathrm{h}}+0.46 \qquad w_{\mathrm{h}}\leqslant 0.2$$

$$i_{\mathrm{al}}=\frac{\Delta E i_{\mathrm{a}}}{\Delta E+\dfrac{\rho_{\mathrm{con}}i_{\mathrm{a}}}{300r}} \qquad w_{\mathrm{h}}>0.2 \tag{5—28}$$

式中符号意义同前。

按式(5—28)重新计算此时的钢筋锈蚀电流密度计算值，并将计算值和实验实测值比较，如图5—16所示。

从图5—16可以看出，分段模型式(5—28)的计算值和试件的实测值比较接近，并且随裂缝宽度的变化趋势也相同，说明式(5—28)计算结果基本合理。再将式(5—28)计算值、实验实测值和按无裂缝所计算结果比较可以知道，在裂缝宽度小于0.2 mm(特别是裂缝宽度小于0.15 mm)时，钢筋锈蚀速率的测量值和无裂缝计算的结果也是比较接近，这种现象主要是因为构件裂缝较小时，外界灰尘及钢筋锈蚀产物很容易在裂缝处沉积而将裂缝填塞，从而阻止了氧气直接到达钢筋表面通道，使裂缝处钢筋的锈蚀速率趋于和无裂缝处钢筋锈蚀速率。裂缝宽度为0.2 ~0.55 mm时，钢筋锈蚀电流密度的实测值公式计算值都比无裂缝时的计算值差别加大，说明此时裂缝对钢筋锈蚀速率的影响已经很明显，而式(5—28)可以用来预计此时的钢筋锈蚀速率。在裂缝宽度大于0.55 mm时，此时式(5—28)计算值则有明显小于实测值的趋势，说明此时裂缝宽度对钢筋锈蚀速率的影响更大，式(5—28)已不再适用，这主要是因为对于实验所采用的试件而言，此时按式(5—28)所计算的钢筋锈蚀阳极长度已经和裂缝间距相差不大，也就是说，此时仍处于钝化状态的钢筋表面已经很小，整个钢筋表面已经接近于都开始锈蚀，此时钢筋锈蚀的"钝化—活化"宏电池锈蚀机理不再适用，钢筋锈蚀机理已经转化为大气中钢筋的锈蚀。

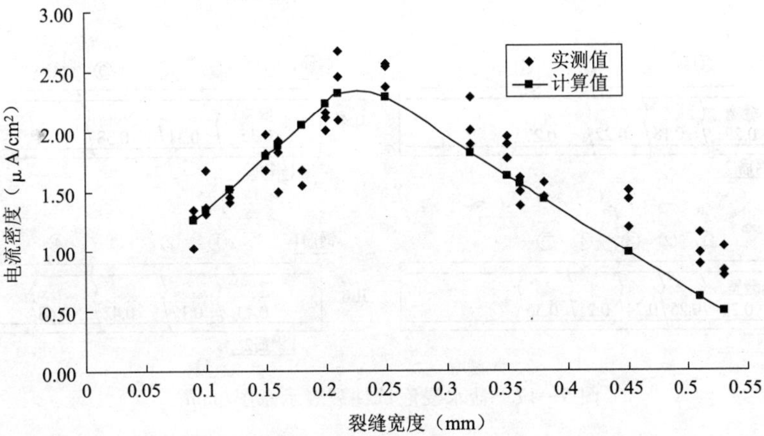

图5—16 钢筋锈蚀电流密度和裂缝宽度关系图

综合上述实验结果，对于横向裂缝区"钝化—活化"宏电池的锈蚀规律可以归纳为：当裂缝宽度小于0.2 mm时，钢筋锈蚀速率变化不明显；当裂缝宽度为0.2～0.55 mm时，裂缝宽度对钢筋锈蚀速率有明显影响，钢筋锈蚀的预计可以按式(5—28)来计算；当横向裂缝大于0.55 mm时，式(5—28)的计算结果偏差较大，不再适用，此阶段钢筋锈蚀的规律还需做进一步研究。

5.3.2 盐水浸泡试件实验结果与分析

试件同样采用为150 mm×65 mm×920 mm的混凝土扁梁，具体尺寸同图5—3，混凝土配合比见表5—1，实验中水泥采用R32.5普通硅酸盐水泥，粗骨料最大粒径15 mm，坍落度70 mm，试件中纵筋采用HPB235ϕ12 mm钢筋，混凝土保护层厚度为15 mm。试件浇筑完拆模后放入标准养护室养护28 d后取出。先用浓度为5%盐水浸泡使整个钢筋都活化后，再将试件放入设定温度为30 ℃、85%相对湿度的人工气候室中，放置30 d钢筋锈蚀电流密度的测试，测量仪器为GECOR8钢筋锈蚀速率测试仪。

图5—18为盐水浸泡试件加载后而产生的裂缝位置及裂缝宽度示意图，与喷洒

盐水试件类似，构件实际产生裂缝宽度和预先设计的裂缝宽度稍有差别，对于裂缝宽度为0.1 mm的构件，其裂缝裂缝只在支座处产生，而对于裂缝宽度为0.3 mm和0.5 mm的试件，在构件中部等弯段也出现了不等宽度的裂缝。实验中，在每条裂缝处利用GECOR8钢筋锈蚀速率测量裂缝处钢筋锈蚀电流密度，同时用式(5—23)计算裂缝区钢筋锈蚀电流密度，计算值和实测值的比较如图5—19所示。

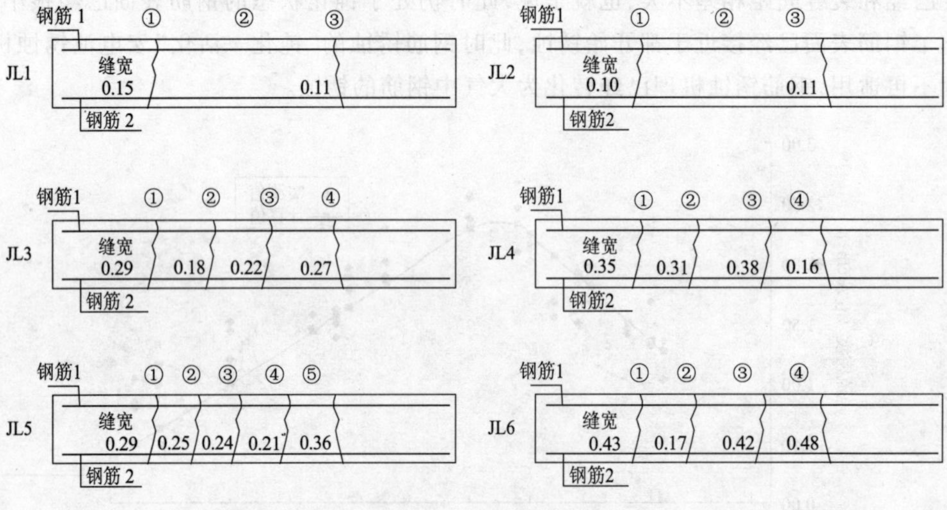

图5—17　盐水浸泡试件裂缝示意图(mm)

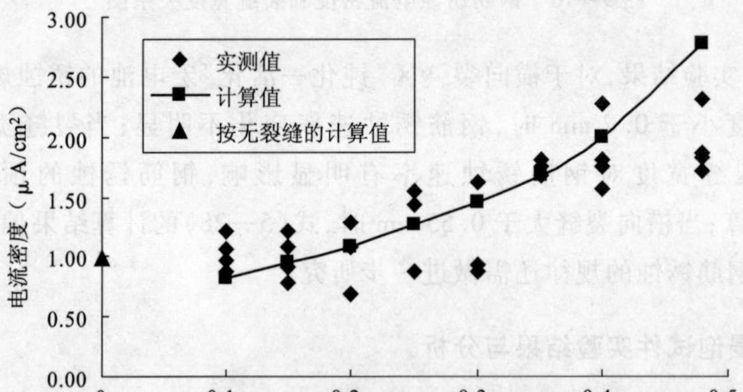

图5—18　盐水浸泡试件钢筋锈蚀电流密度和裂缝宽度关系图

从图5—18所示实验结果来看，当构件混凝土保护层裂缝宽度小于0.15 mm时，式(5—27)的计算值比实测值略小，但与无裂缝计算的结果较接近，这种现象主要是因为构件裂缝较小时，外界灰尘及钢筋锈蚀产物很容易在裂缝处沉积而将裂缝填塞，从而阻止了氧气直接到达钢筋表面通道，使裂缝处钢筋的锈蚀速率趋于和无裂缝处钢筋锈蚀速率，此时裂缝的影响可以忽略。裂缝宽度为0.15～0.45 mm时，钢筋锈蚀电流密度的实测值公式计算值的变化趋势相同,并数值之间差别不大,说明此时裂缝对钢筋锈蚀速率的影响已经不能忽略,而式(5—27)可以用来预计此时的钢筋锈蚀速率。在裂缝宽度大于0.45 mm时,式(5—27)所计算结果有明显增大的趋势,而实验值的增加却不明显,这主要是因为随裂缝宽度的增大,所计算的阴阳极面积比急剧增加所致,而在实际构件中,如果构件裂缝宽度较大,沿钢筋长度外界氧气都比较容易到达,这样在沿钢筋长度的方向上,整个钢筋表面都能有充足的氧气参与电化学反应,此时"氧浓差"宏电池效应减弱,最后钢筋的锈蚀可能转化为大气环境中锈蚀,也有可能转化为由面向保护层和背向保护层组成的宏电池锈蚀。

5.4 小　结

混凝土构件在荷载等因素的作用下,可能产生平行于构件截面的横向裂缝。横向裂缝出现后,裂缝区域钢筋所处的锈蚀环境和无裂缝区将有明显不同。本章通过理论分析和实验研究得出如下结论:

(1)横向裂缝出现后,横向裂缝区钢筋与混凝土表面会产生脱开现象,脱开损伤长度与混凝土保护层、表面裂缝宽度及构件平均裂缝间距有关。

(2)如果横向裂缝出现前,钢筋仍处于钝化状态,则裂缝出现后,裂缝区域的氧气、水等物质比较容易到达钢筋表面,使裂缝区钢筋钝化膜首先破坏而锈蚀;同时不在裂缝区域的钢筋表面钝化膜仍较好保存,此时裂缝区活化钢筋和钝化区钢筋间存在着"钝化—活化"宏电池腐蚀现象。

(3)如果横向裂缝出现前,钢筋已经全部活化,则裂缝出现后,裂缝区域的氧气比较容易到达钢筋表面,使裂缝区钢筋和没有裂缝区域的钢筋表面存在氧气浓度的差异,从而达到"氧浓差"宏电池形成的条件。

(4)在"钝化—活化"宏电池锈蚀的情况下,横向裂缝宽度小于0.2 mm时,裂缝宽度对钢筋锈蚀速率影响不大,裂缝宽度为0.2~0.55 mm时,裂缝宽度对钢筋锈蚀速率有明显影响,此情况下可按式(5—28)来计算钢筋锈蚀的速率。裂缝宽度大于0.55 mm时,式(5—28)计算误差较大,其锈蚀规律有待于进一步研究。

(5)在"氧浓差"宏电池锈蚀的情况下,裂缝宽度小于0.15 mm时,裂缝宽度对钢筋锈蚀速率影响不大;当裂缝宽度为0.15~0.45 mm时,裂缝宽度对钢筋锈蚀速率有明显影响,钢筋锈蚀速率的预计可以按式(5—27)来计算;裂缝宽度大于0.45 mm时,式(5—27)计算的结果和钢筋锈蚀速率的实测结果的偏差增大,其锈蚀规律也有待于进一步研究。

第6章　混凝土构件截面配筋特征对钢筋锈蚀速率的影响

第3～5章中关于混凝土内钢筋锈蚀速率的研究只考虑了试件中单根钢筋的锈蚀情况，而没有考虑周围其他钢筋的影响，但在实际混凝土构件中，纵向的主筋（包括内外排以及构件不同侧的纵筋）在箍筋的连接作用下，形成一个三维的钢筋骨架，骨架中钢筋的锈蚀机理与锈蚀速率都不同于单根钢筋。例如在实际进行钢筋混凝土构件耐久性的现场检测中，经常发现箍筋的锈蚀往往比纵向钢筋大得多[142,143]，有时纵筋锈蚀量仅为5%～10%时，箍筋的锈蚀已很大，甚至锈断[144]；在现场中也经常发现构件的内排钢筋锈蚀较轻，而外排钢筋的锈蚀情况较严重等。因此，以单根钢筋为基础的钢筋锈蚀速率研究成果还与实际混凝土构件中钢筋真实锈蚀速率有一定的差别，还要对混凝土构件中内、外排纵筋间锈蚀的相互影响，以及箍筋的锈蚀机理和锈蚀速率进行必要的研究。本章在第3～5章关于单根钢筋锈蚀速率的研究的基础上，针对实际工程中常见的混凝土构件截面配筋形式，分析混凝土构件中钢筋锈蚀的不均匀性、内排钢筋对外排钢筋锈蚀的影响规律，以及箍筋的锈蚀特征和锈蚀规律，并在此基础上建立混凝土构件中钢筋锈蚀速率预计的综合模型。

6.1　光圆钢筋和带肋钢筋的锈蚀不均匀性

目前关于钢筋锈蚀的研究，一般是建立在假定钢筋均匀锈蚀的基础上的，但在实际构件中，由于混凝土构件和钢筋自身材料的不均匀性，以及外部侵蚀介质作用强度的不同，在一般的钢筋混凝土结构中，钢筋的锈蚀不可能是完全均匀的，具有明显的不均匀性。同时在实际混凝土结构构件中，就钢筋表面的特征而言，常用的钢筋一般包括光圆钢筋和螺纹带肋钢筋两大类，这两种钢筋由于其组成成分及与混凝土接触的形态不同，即使在相同侵蚀环境下，其锈蚀速率、锈蚀特征也是不相同的。因此，本节分析相同环境下光圆钢筋和带肋钢筋锈蚀速率锈蚀特征的区别，为实际工程中考虑它们的锈蚀不均匀性打下一定的基础。

6.1.1　光圆钢筋与带肋钢筋化学成分

根据《钢筋混凝土用热轧光圆钢筋》（GB/T 13013—1991）、《钢筋混凝土用热轧带肋钢筋》（GB/T 1499—1998）的规定，HPB235光圆钢筋为低碳钢，HRB335带肋钢筋为普通低合金钢，除Fe元素外，钢筋中其他主要化学成分见表6—1。这些元素中，Si和Mn一般是以固溶物的形式溶解于α—Fe中，形成铁素体，而P和S及大部

C 元素则以非金属夹杂的形态分布于钢筋中。从两种钢筋组成成分中可以知道，其主要成分的区别在于 Si、Mn 这两种元素的含量不同。硅和锰均是钢材中的有益元素，硅是作为脱氧剂而存在于钢中，硅含量较低（小于 1.0%）时，能提高钢材的强度，而对塑性和韧性无明显影响。锰是炼钢时用来脱氧去硫而存在于钢中的，它具有很强的脱氧去硫能力，能消除或减轻氧、硫所引起的热脆性，改善钢材的热加工性能，同时能提高钢材的强度和硬度。由于 HRB335 钢筋中硅、锰含量较高，以及硅、锰元素的脱氧、脱硫作用，使得其成分中有害物质硫、磷、氧的含量低，从而钢筋整体成分均匀而均有较高的耐蚀性。但从表 6—1 也可以看出，光圆钢筋和带肋钢筋总的硅、锰元素含量的差异不超过 1%，因此，这种成分的差异对钢筋锈蚀速率的影响相对较小。

表 6—1　试验钢筋的化学成分

钢筋类别	钢筋化学成分（%）				
	C	Si	Mn	P	S
HPB235 级热轧光圆钢筋	0.12 ~ 0.22	≤0.30	0.30 ~ 0.80	≤0.045	≤0.050
HRB335 级热轧带肋钢筋	0.17 ~ 0.25	0.40 ~ 0.80	1.30 ~ 1.70	≤0.045	≤0.045

6.1.2　光圆钢筋与带肋钢筋锈蚀特征

6.1.2.1　钢筋锈蚀电流密度

图 6—1 是通过“线性极化法”测试的埋置于相同混凝土中的 HPB235 光圆钢筋和 HRB335 带肋钢筋锈蚀电流密度随时间的变化图，从图中可以看出，在整个试验期间，光圆和带肋钢筋锈蚀的电流密度是随着自然环境中温、湿度条件的不断变化而变化的，光圆钢筋和带肋钢筋随环境条件的变化规律基本相同，并且带肋钢筋的锈蚀电流密度和光圆钢筋锈蚀电流密度差别不是太大；由于测试结果是以整个钢筋为对象的平均锈蚀速率，因此从整个钢筋平均锈蚀速率的角度来看，可以认为光圆钢筋和变形带肋钢筋在自然环境中的锈蚀速率基本相同。

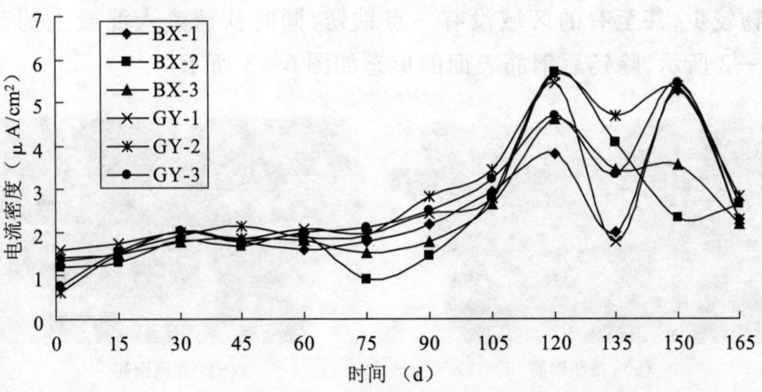

图 6—1　室外自然环境中钢筋锈蚀电流密度—时间关系图

6.1.2.2　裂缝形态与裂缝宽度

试件室外放置160 d后，光圆钢筋保护层开始出现细微裂缝，200 d左右带肋钢筋保护层也开始出现裂缝，裂缝沿钢筋长度方向不断发展，形成和钢筋长度一致的贯通裂缝，裂缝宽度见表6—2。在平均锈蚀速率基本相等的前提下，光圆钢筋裂缝出现的时间比带肋钢筋裂缝出现的时间早，这说明光圆钢筋使混凝土保护层锈胀开裂所需要的锈蚀量要小于带肋钢筋，其主要原因一方面是带肋钢筋由于其变形肋的存在使钢筋与混凝土的接触面积比光圆钢筋大，并且钢筋与混凝土间的粘结性能优于光圆钢筋；另一方面是由于混凝土浇筑等原因，在带肋钢筋的变形肋等处混凝土内存在的孔隙比光圆钢筋表面混凝土内的孔隙多，钢筋锈蚀时，锈蚀产物首先要充填满这些混凝土孔隙，才能使混凝土内部产生锈胀的拉应力。因此带肋钢筋试件出现裂缝的时间和最终裂缝宽度都小于光圆钢筋。

表6—2　试件裂缝宽度表(mm)

试件编号	最大裂缝宽度	平均裂缝宽度
BX—1	0.23	
BX—2	0.31	0.24
BX—3	0.18	
GY—1	0.69	
GY—2	0.53	0.58
GY—3	0.52	

注：BX—带肋钢筋；GY—光圆钢筋。

6.1.2.3　钢筋锈蚀平均锈蚀深度与局部最大锈蚀深度

试验接近一年后，凿开钢筋混凝土保护层，观察混凝土内钢筋锈蚀产物的位置与分布形态。对于光圆钢筋，锈蚀产物沿钢筋长度分布比较均匀，锈蚀产物渗入混凝土的范围也较大；而对于带肋钢筋，锈蚀产物主要分布在钢筋的某几个区域内，其他区域锈蚀产物较少，甚至有的区域没有一点铁锈，同时铁锈渗入混凝土的范围也不均匀，如图6—2所示，除锈后钢筋表面的形态如图6—3所示。

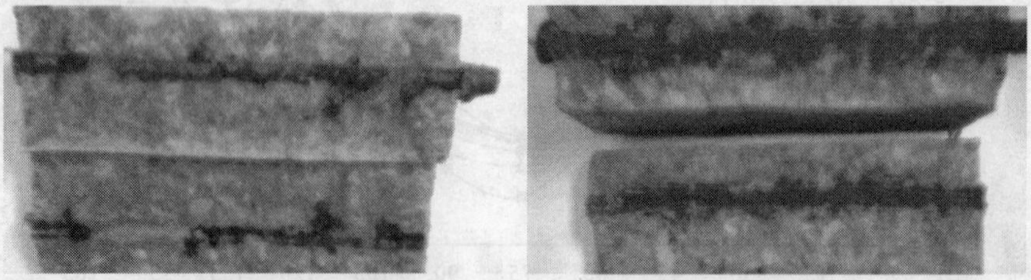

(a) 带肋钢筋　　(b) 光圆钢筋

图6—2　混凝土内钢筋锈蚀形态

(a) 带肋钢筋　　　　(b) 光圆钢筋

图 6—3　钢筋表面锈蚀的形态

将混凝土保护层凿除后，取出钢筋，除去钢筋表面铁锈，用电子天平称量剩余钢筋质量 m'，由钢筋锈蚀前原始质量 m_0，并根据钢筋的密度 ρ_s、钢筋直径 r，以及钢筋锈蚀区段的长度 l，可得出钢筋的平均锈蚀深度 δ。

$$\delta = r - \sqrt{\frac{m'}{\pi\rho_s l}} \tag{6—1}$$

计算钢筋平均锈蚀深度后，用游标卡尺测量出钢筋表面锈蚀坑的局部最大深度，钢筋锈蚀平均深度和局部最大锈蚀深度的具体数值见表 6—3。

表 6—3　钢筋截面锈蚀深度

试件编号	锈蚀后钢筋剩余质量(g)	平均锈蚀深度(mm)	最大锈蚀深度(mm)	最大深度/平均深度(mm)	平均值(mm)
BX—1	162.6	0.24	0.32	1.33	
BX—2	165.2	0.19	0.30	1.58	1.69
BX—3	169.1	0.13	0.28	2.15	
GY—1	164.7	0.20	0.25	1.25	
GY—2	169.5	0.12	0.15	1.25	1.27
GY—3	167.2	0.16	0.21	1.31	

从表 6—3 所示的结果来看，光圆钢筋和带肋钢筋的平均锈蚀深度相差不是太大，这说明就整根钢筋平均锈蚀的角度而言，在相同的环境及侵蚀介质作用下，带肋钢筋的锈蚀速率和光圆钢筋的锈蚀速率相差不大，即在实际工程构件耐久性评估中，可以近似认为光圆钢筋和带肋钢筋的平均锈蚀速率相同。

另一方面，从钢筋锈蚀坑的局部锈蚀深度来看，带肋钢筋的局部锈蚀深度要明显大于光圆钢筋的局部锈蚀深度，这说明在相同的环境及侵蚀介质作用下，带肋钢筋的锈蚀主要发生在钢筋表面的某些局部区段，这些局部区域的锈蚀速率要比其他区段的锈蚀速率大，同时与光圆钢筋相比，带肋钢筋的局部锈蚀效应要明显大于光圆钢筋。

6.1.3　光圆钢筋与带肋钢筋锈蚀特征差别的主要原因

从微观来讲，混凝土中存在着很多微孔隙，其内有碱性的微孔液以及氧气，它们能使与其接触的钢筋表面迅速反应生成一层致密的、厚约(2～10)$\times 10^{-9}$ m的钝化膜(成分主要为$Fe_3O_4—\gamma Fe_2O_3$)[12]。钝化膜对钢筋的锈蚀能起到一定的保护作用,但钝化膜的表面并不平整,存在着一些微缺陷,混凝土微孔溶液中存在Cl^-等活性阴离子时,可以穿透钝化膜的微缺陷,在其与铁基体的界面上争夺钝化膜中的阳离子而使钝化膜溶解,从而使钝化膜失去了保护作用,新鲜的铁基体暴露出来而成为局部锈蚀的蚀核。蚀核形成以后,蚀核处成为溶解阳极,蚀核外尚未被溶解的钝化区成为阴极,二者共同构成锈蚀电池。在这种锈蚀电池体系中,阳极溶解过程将使蚀核不断长大而成为蚀孔、蚀坑,有些相距很近的蚀孔还会连成一片,形成蚀片乃至大面积的全面锈蚀。

另一方面,对于光圆钢筋而言,由于在整个钢筋表面混凝土保护层厚度、Cl^-含量和钢筋表面水的含量基本相同,因此在整个钢筋表面锈蚀的机会基本相当,锈蚀发生在整个钢筋表面的几率相当,因此其锈蚀形态相对而言比较均匀;但带肋钢筋由于其带肋的外表面存在着宏观的凹凸不平,这使得在浇筑混凝土时容易在其表面附近形成亚微观的乃至宏观的气泡等缺陷,从而使锈蚀介质容易长时间积聚在此处而引起局部的剧烈锈蚀,这是带肋钢筋外表面容易发生相对局部的、不均匀锈蚀的一个重要原因。另外,带肋钢筋的肋处混凝土保护层厚度与肋间钢筋保护层相比较薄,外界氧气、水到达带肋肋处比到达肋间钢筋表面容易,使带肋钢筋产生局部区域钢筋表面的钝化膜较其他部位破坏早,产生局部锈蚀。局部锈蚀产生后,其他部位的钢筋仍具有较好的耐蚀性,以及开始锈蚀的区域对其有阴极保护作用而不产生锈蚀,这样最终在带肋钢筋表面产生局部锈蚀严重的现象。

6.1.4 光圆钢筋与带肋钢筋锈蚀的危险性分析

从钢筋混凝土结构承载性能的角度讲,钢筋锈蚀对构件承载性能的影响主要体现在两个方面:即钢筋与混凝土的粘结性能的退化和钢筋截面的减小。从钢筋与混凝土的粘结性能的退化角度来看,由于光圆钢筋是整个表面的锈蚀不均匀性比带肋钢筋小,当钢筋锈蚀量较大时,铁锈膨胀,钢筋和混凝土间的粘结性能会受到较大的损害,因此光圆钢筋锈蚀的危害大于带肋钢筋;而从钢筋截面的减小角度看,由于影响构件承载力的是钢筋局部锈蚀的深度,而不是整根钢筋的平均锈蚀率,因此在锈蚀量相等的条件下,带肋钢筋由于其局部锈蚀深度较大,而使钢筋局部截面的锈蚀较严重,因此在这种情况下其锈蚀的危害性大于光圆钢筋。

6.2 内排纵筋对外排纵筋锈蚀速率的影响

实际构件中,钢筋混凝土构件截面配筋形式一般有图6—4所示的几种情况,假设外界侵蚀介质在构件侧面和底面的侵蚀强度相同,对于图6—4(a)、(c)、(d)所示截面中的纵向钢筋,它们的混凝土保护层厚度均相同,因此可以认为外界侵蚀介质到达各钢筋表面的时间相同，也就是说，此种条件下图 6—4(a)、(c)、(d)所示截面中的纵向钢筋同时活化，它们之间不存在电位差，其间不存在宏电流，但由第 3 章的研究可知，它们的锈蚀速率的差别主要是透氧范围的长度的不同，因此此时钢筋锈蚀可分为两种情况：角部钢筋(bar1)锈蚀和中部钢筋(bar2)锈蚀。但在图 6—4(b)所示的截面配筋中，钢筋锈蚀时不仅有角部钢筋和中部钢筋的区别，还有第二排侧面钢筋 bar3 区别，假设外界侵蚀介质在构件底面的进行侵蚀，则 bar1、bar2 要早于 bar3 活化，因此它们之间存在电位差；在这种情况下，bar1、bar2 活化时，bar3 仍将处于钝态，此时在箍筋的连接下，bar3 和 bar1、bar2 之间，将会产生明显的宏电流，因此，计算 bar1、bar2 钢筋锈蚀速率时，应考虑它们和 bar3 之间产生的宏电流。

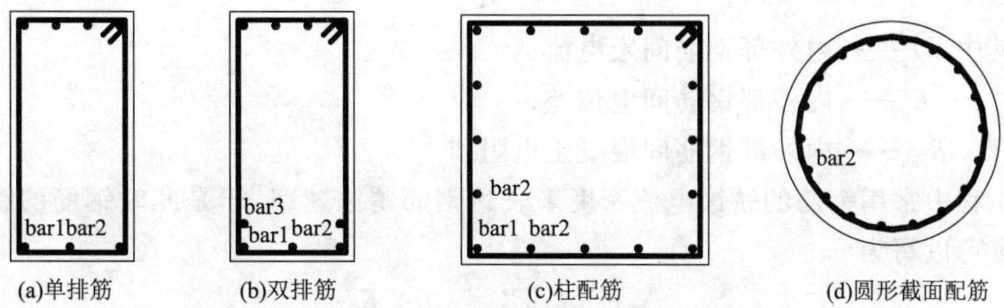

图 6—4　构件截面常用配筋形式示意图

6.2.1　钢筋混凝土构件中内外纵筋连接简化模型

将图 6—4(b)中所示的钢筋 bar3 称为内排钢筋，bar1、bar2 称为外排钢筋，在箍筋的连接下，考虑箍筋配筋的对称性以及钢筋锈蚀宏电池产生电流的特点，可将内外排钢筋锈蚀单元简化成图 6—5 所示的简化模型，此时外排钢筋锈蚀电池所产生的电路图如图 6—6 所示。

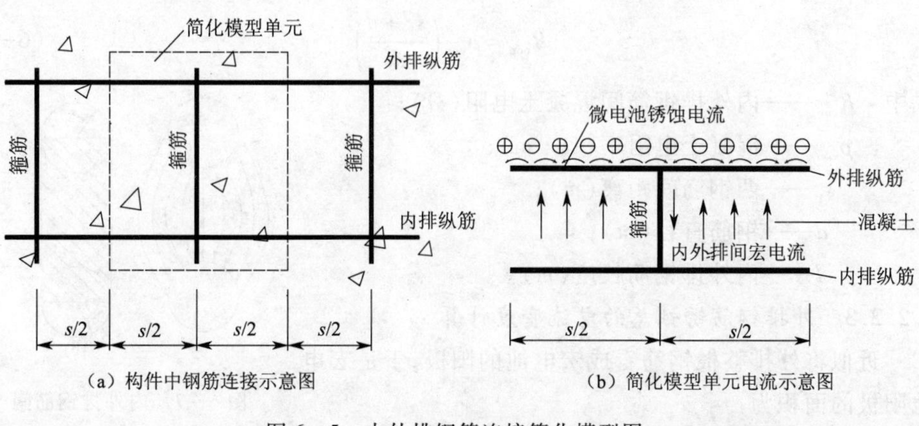

图 6—5　内外排钢筋连接简化模型图

6.2.2 外排钢筋锈蚀速率计算公式推导

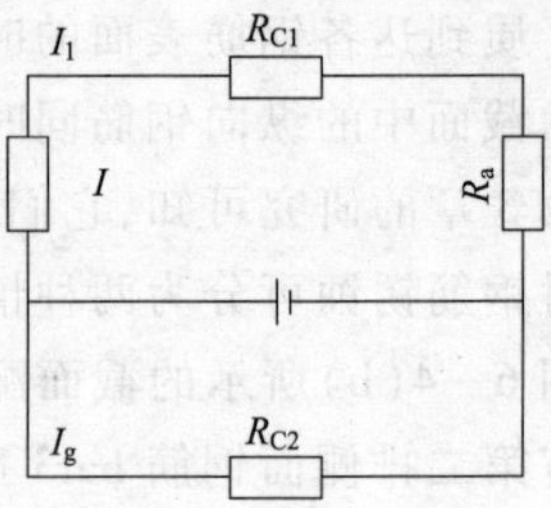

图 6—6 内外排钢筋锈蚀电路简化模型

6.2.2.1 外排钢筋锈蚀电流的计算

根据图 6—6 所示的电路，在外排钢筋上的总的锈蚀电流 I 应为其自身锈蚀引起的锈蚀电流 I_1 与内排钢筋形成的宏电流 I_g 之和，即

$$I = I_1 + I_g \tag{6—2}$$

式中 I_1——外排钢筋自身锈蚀产生的锈蚀电流；

I_g——内、外排钢筋间宏电流，可用下式计算：

$$I_g = \frac{E_g}{R_{con}} \tag{6—3}$$

其中 I_g——内外部钢筋间宏电流，

E_g——内外部钢筋间电位差，

R_{con}——内外部钢筋间混凝土电阻。

工程中常用钢筋的锈蚀电流密度来表达钢筋锈蚀速率，于是此时钢筋的锈蚀电流密度可以写为

$$i = \frac{I}{S_a} = \frac{I_1 + I_g}{S_a} = i_1 + \frac{E_g}{S_a R_{con}} \tag{6—4}$$

式中 i_1——外排钢筋自身锈蚀产生的锈蚀电流，由式(3—41)或(3—68)计算；

其余符号意义同前。

6.2.2.2 内、外排钢筋间混凝土电阻计算

对于直径相同、长度相同并且互相平行的内、外排钢筋，它们之间的电流分布情况如图 6—7(a)所示，影响两钢筋间电流大小的电阻即为电流线范围的混凝土电阻，为简化计算，取图 6—7(b)所示阴影范围内的混凝土来计算内外排钢筋间混凝土电阻。

图 6—7(b)所示阴影部分混凝土的电阻为

$$R_{con} = \rho_{con}\left(\frac{s_1 + d}{dl}\right) \tag{6—5}$$

式中 R_{con}——内外排钢筋间混凝土电阻(Ω)；

ρ_{con}——混凝土电阻率(Ω · m)；

s_1——两钢筋间距离(m)；

d——钢筋直径(m)；

l——内外排钢筋长度(m)。

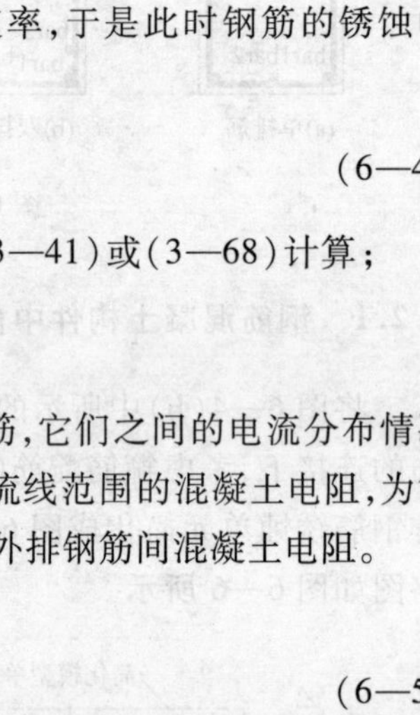

图 6—7 内外排钢筋间混凝土电阻计算简图

6.2.2.3 外排钢筋锈蚀总的电流密度计算

近似将外排整根钢筋看成宏电池的阳极，于是宏电池阳极的面积为：

$$S_a = \pi dl \tag{6—6}$$

再将式(6—6)、式(6—5)代入式(6—4),于是在内排钢筋的影响下,外排钢筋总的锈蚀电流密度为:

$$i = i_1 + \frac{E_g}{S_a R_{con}} = i_1 + \frac{E_g}{\pi \rho_{con}(s_1 + d)} \tag{6—7}$$

式中 i——外排钢筋总电流密度;

i_1——外排钢筋自身锈蚀产生的锈蚀电流密度;

E_g——内外部钢筋间电位差;

R_{con}——内外排钢筋间混凝土电阻;

S_a——宏电池阳极的面积;

ρ_{con}——混凝土电阻率,可按式(3—59)计算;

s_1——两钢筋间距离;

d——钢筋直径。

根据式(6—7),在知道环境温湿度及内、外排钢筋间电位差的基础上,即可计算出外排钢筋的总的锈蚀电流密度。

6.2.3 内排纵筋对外排纵筋锈蚀速率的影响的试验研究

6.2.3.1 试件设计与制作

试件尺寸与钢筋位置如图 6—8 所示,钢筋均为 ϕ14 mm 的 HPB235 光圆钢筋。水泥采用 R32.5 普通硅酸盐水泥,粗骨料最大粒径 15 mm,坍落度 70 mm,外排混凝土保护层厚度为 15 mm,混凝土配合比见表 6—5。内外排钢筋间距分别为 15 mm、25 mm和 35 mm,同时制作了无内部纵筋的试件三块,以对比内部纵筋的影响效果,每种间距试件数量为三块,内、外排钢筋间以导线相连来模拟箍筋的连接效果,同时导线也可以连接微安表来测量内外排钢筋间的宏电流。

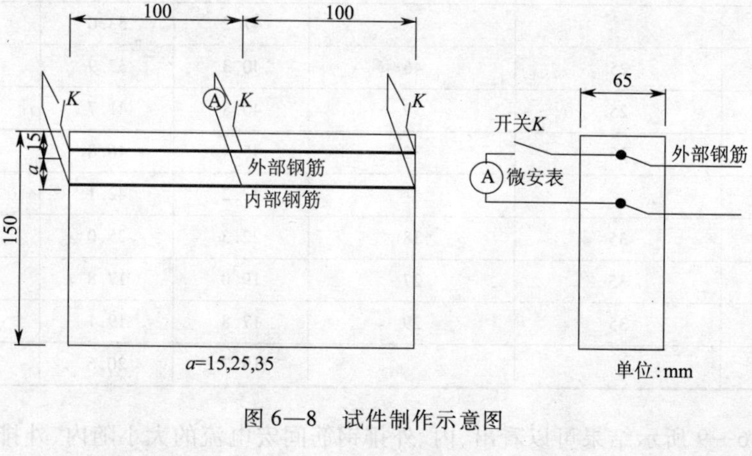

图 6—8 试件制作示意图

6.2.3.2 试验主要过程

(1)钢筋的原始质量量测:从原始钢筋中部切取试样,用角磨机和砂纸除去试样表面氧化皮、污垢;用自来水和洗涤剂冲洗后,再用丙酮清洗;用干净软布擦拭干净,放入干燥器中放置 4 h;用电子天平称重,精确到 0.1 g;

(2)试样的制作:混凝土施工配合比设计;支模板,安放钢筋,浇筑混凝土;

(3)试件脱模后放入标准养护室内养护 28 d;

(4)除图 6—8 所示朝上的一面外,其余各面均封蜡,封蜡后试件定期喷洒浓度为 5% 的 NaCl 溶液直至外排钢筋脱钝活化。

(5)将试件放入人工气候室,室内设置条件是温度为 30 ℃、相对湿度为 80%。

(6)14 d 后试件内外条件相对平衡后,进行锈蚀电位和锈蚀电流密度和混凝土电阻率的测量。

(7)处理锈蚀数据,得出试验结论。

6.2.4 试验结果及分析

6.2.4.1 内、外排钢筋间宏电流

内、外排钢筋间宏电流采用微安表测量,钢筋锈蚀电位采用 GECOR8 钢筋锈蚀仪进行测试,试验结果见表 6—4。由于每个试件其内、外排钢筋间电位差不同,因此宏电流的计算值也不同。内、外排钢筋间宏电流的试验平均值和计算平均值的比较,以及它们随内、外排钢筋间距离的变化关系如图 6—9 所示。

表 6—4 内、外排钢筋间宏电流

试件编号	内外钢筋间距(mm)	内外钢筋电位差(mV)	内外钢筋间宏电流(μA)		
			实测值	计算值	误差(%)
ZJ2—1	15	42	50.5	46.1	-9.54
ZJ2—2	15	58	51.0	61.5	17.1
ZJ2—3	15	45	40.2	49.4	18.7
平均值			47.2	53.0	
ZJ4—1	25	46	40.3	37.9	-6.3
ZJ4—2	25	39	40.8	41.7	2.2
ZJ4—3	25	35	45.4	46.8	3.0
平均值			42.2	42.1	
ZJ4—1	35	38	22.3	25.0	10.8
ZJ4—2	35	27	19.0	17.8	-6.7
ZJ4—3	35	29	17.8	19.1	6.8
平均值			19.7	20.6	

从图 6—9 所示结果可以看出,内、外排钢筋间宏电流的大小随内、外排钢筋的间距增大而减小,其原因是钢筋间距增大,钢筋间混凝土电阻增大。式(6—7)的计算值和实测值相近,说明式(6—7)的计算值基本是合理的。

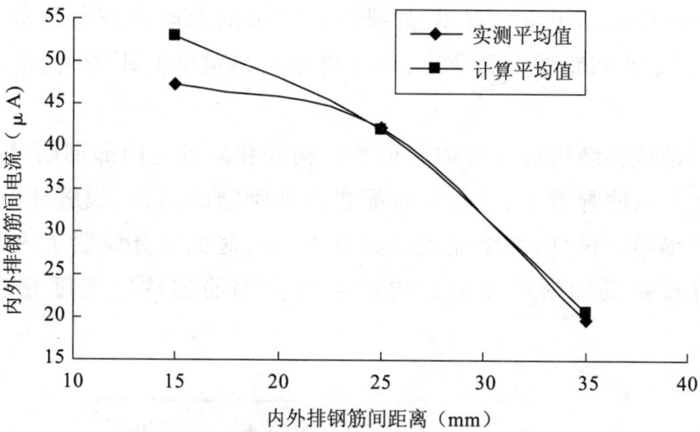

图 6—9　内外排钢筋间宏电流随钢筋距离变化关系图

6.2.4.2　外排钢筋锈蚀总锈蚀电流密度的计算

由于试件尺寸较小并且侵蚀介质作用环境条件均匀,因此假设试件中钢筋“均匀”锈蚀,应用式(6—7)计算试件中外排钢筋锈蚀总的电流密度,同时利用 GECOR8 钢筋锈蚀仪测量外排钢筋锈蚀总电流密度,实测外排钢筋总的锈蚀电流密度见表6—5。

表 6—5　外排钢筋锈蚀总电流

试件编号	内外钢筋间距(mm)	内外钢筋电位差(mV)	外排钢筋自身锈蚀电流密度计算值(μA/cm²)	外排钢筋的总锈蚀电流密度(μA/cm²)		
				计算值	实测值	误差(%)
ZJ2—1	15	42		1.83	1.59	13.11
ZJ2—2	15	58	1.01	2.46	1.66	32.52
ZJ2—3	15	45		1.9	1.47	22.63
平均值				2.06	1.47	
ZJ4—1	25	46		1.64	1.26	23.17
ZJ4—2	25	39	1.01	1.52	1.09	28.29
ZJ4—3	25	35		1.44	0.93	35.42
平均值				1.53	1.09	
ZJ4—1	35	38		1.36	0.75	44.85
ZJ4—2	35	27	1.01	1.2	0.82	31.67
ZJ4—3	35	29		1.23	1.04	15.45
平均值				1.26	0.87	

从表 6—5 所示结果可以看出,外排钢筋锈蚀的总电流密度的实测值和计算值的差别不大,最大的差值为 44.85% ,均在 45% 以内,表明式(6—7)的计算结果基本能满足工程应用的精度要求。

从图6—10所示结果可以看出，外排钢筋锈蚀的总电流密度的实测值和计算值都随内、外排钢筋的间距增大而减小，其主要原因是钢筋间距增大，钢筋间混凝土电阻增大。

图6—11是试验结束后没有内部钢筋的构件和配置有内部钢筋时间开裂情况对比图。从图上可以明显看出，对于没有配置内部钢筋的试件，裂缝还没有出现，而对于配置了内部钢筋的试件，裂缝宽度已达0.5 mm，这也充分说明了内部钢筋存在的情况下，内、外排钢筋间所产生的宏电流对外排钢筋的锈蚀速度有着明显的加速作用。

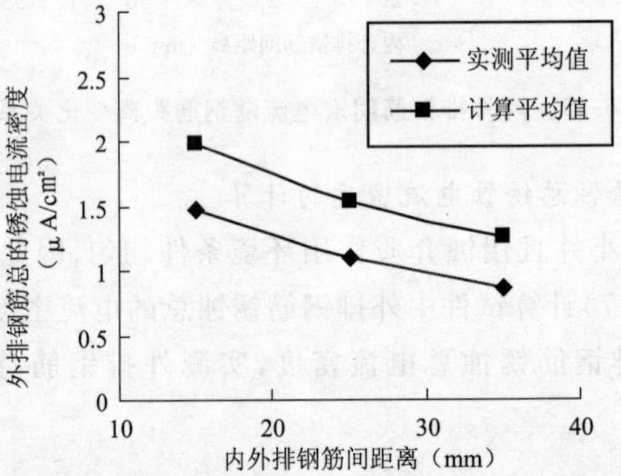

图6—10　排钢筋总的锈蚀电流密度随内外排钢筋间距离变化关系图

(a) 无内排钢筋试件　　(b) 有内排钢筋试件

图6—11　有、无内排钢筋试件锈蚀开裂情况对比图

以上试验表明，由于内排钢筋和外排钢筋的电位不同，内、外排钢筋间会产生宏电流，宏电流对外排钢筋的锈蚀速度有着明显的影响，外排钢筋总的锈蚀电流等于自身锈蚀电流和内外排钢筋间宏电流之和。宏电流的大小与内外排钢筋间电位差及混凝土电阻有关。试验的结果表明，式(6—7)所计算外排钢筋总的锈蚀电流密度和试验实测结果相差不大，其结果能够满足工程应用的精度要求。

6.3 箍筋锈蚀对纵筋锈蚀速率的影响

实际的混凝土梁柱构件中，不仅有纵向的钢筋，还有承受剪力的箍筋，箍筋和纵筋通过绑扎等方式连接在一起构成了构件中三维的钢筋骨架。另外，设计构件的钢筋混凝土保护层厚度一般是指纵筋的保护层厚度，而构件中的箍筋在纵筋的外面，因此箍筋的混凝土保护层厚度要比纵筋的保护层厚度小。在外界侵蚀介质的作用下，箍筋锈蚀开始时间一般要早于纵筋。本节基于电化学中电偶腐蚀的相关理论，分析箍筋锈蚀的机理及其对纵筋锈蚀速率的影响规律。

6.3.1 箍筋锈蚀对纵筋锈蚀速率影响机理与简化模型

6.3.1.1 电偶腐蚀的基本原理

根据金属锈蚀的电化学原理[58]，两种电位不同的金属接触时，会导致电偶锈蚀效应（也称为接触锈蚀）。接触后，电位低的金属锈蚀速度将增大，电位高的锈蚀速度将受到抑制而减小。连接后，金属锈蚀速率的大小主要取决于电偶电池的宏观阴、阳极面积比，当金属锈蚀受氧的扩散控制时，作为电偶电池宏观阳极的 A 金属，其阳极溶解电流密度为[58]

$$i_{a1} = i_L\left(1 + \frac{S_B}{S_A}\right) \tag{6—8}$$

式中 i_{a1}——电偶电池宏观阳极的阳极溶解电流密度；

i_L——阴极氧扩散极限电流密度；

S_A——电偶电池宏观阳极 A 金属面积；

S_B——电偶电池宏观阴极 B 金属面积。

6.3.1.2 混凝土构件中箍筋锈蚀机理与锈蚀速率

（1）箍筋活化、纵筋仍处于钝化阶段

在钢筋混凝土构件中，箍筋位于纵向钢筋的外侧，根据箍筋直径的不同，箍筋的混凝土的保护层要比纵筋小 8 ~ 10 mm。在周围环境因素作用下，混凝土的碳化和 Cl^- 的侵入首先到达箍筋的表面，使箍筋表面的钝化膜溶解活化、箍筋的电位大大降低开始锈蚀，而此时纵向钢筋表面仍处于钝化状态、电位仍较高，又由于箍筋的内侧与纵筋接触连接（或通过绑扎的铁丝连接），从而形成以箍筋为阳极、纵筋为阴极的宏观电偶电池，此时箍筋的锈蚀速度将增加而使纵筋将得到一定的保护。在氧扩散控制下，根据式（6—8），此时箍筋的锈蚀电流密度可用下式表示：

$$i_s = i_{s0}\left(1 + \frac{A_c}{A_a}\right) \tag{6—9}$$

式中 i_s——箍筋锈蚀电流密度；

i_{s0}——无纵筋连接时时箍筋自身锈蚀电流密度；

A_c——宏观电偶电池的阴极面积(分布在纵筋上);

A_a——宏观电偶电池的阳极面积(分布在箍筋上)。

此时,由于纵筋仍处于钝化状态,因此纵筋锈蚀速度为零。

(2)纵筋活化阶段的箍筋锈蚀机理

随着外部侵蚀介质的不断渗入,纵筋表面钝化也被破坏而随之活化,纵筋也开始锈蚀。混凝土结构中箍筋一般采用 HPB235 光圆钢筋,纵筋一般采用 HRB335 带肋钢筋,这两种钢筋主要化学成分见表 6—1。如前所述,HPB235 属于低碳钢,而 HRB335 属于低合金钢,两种钢筋的主要成分的区别在于其硅、锰含量的不同,而硅、锰是有益元素,它们可以降低钢筋中碳、硫、磷等杂质元素的含量,而使钢筋成分更为均匀,又由于箍筋锈蚀已经锈蚀了一段时间,而纵筋的锈蚀刚刚开始(可能还有部分钢筋表面仍处于钝化状态),因此在这种情况下,纵筋和箍筋间仍会形成宏观电偶锈蚀电池,并且仍是箍筋作锈蚀阳极,纵筋作锈蚀阴极,箍筋的锈蚀对纵筋的锈蚀有一定的抑制作用,但由于箍筋和纵筋间的电位差较小,这种抑制作用不足以使纵筋不发生锈蚀,即纵筋的锈蚀仍将继续进行,只是锈蚀速率比没有箍筋时慢一些。同样按照电偶锈蚀的理论,根据式(6—8)可得出此时箍筋的锈蚀电流密度:

$$i_s = i_{s0}\left(1 + \frac{A_c}{A_a}\right) \qquad (6\text{—}10)$$

式中 i_s——箍筋锈蚀电流密度;

i_{s0}——无纵筋连接时时箍筋自身锈蚀电流密度;

A_c——宏观电偶电池的阴极面积(分布在纵筋上);

A_a——宏观电偶电池的阳极面积(分布在箍筋上)。

此时对于纵筋而言,其锈蚀电流密度为

$$i_1 = i_{10}\left(1 - \frac{A_c}{A_a}\right) \qquad (6\text{—}11)$$

式中 i_1——纵筋锈蚀电流密度;

i_{10}——无箍筋时纵筋自身锈蚀电流密度;

A_c——宏观电偶电池的阴极面积(分布在纵筋上);

A_a——宏观电偶电池的阳极面积(分布在箍筋上)。

6.3.1.3 箍筋对纵筋影响长度及阴阳极面积比确定

由式(6—9)~式(6—11)可以看出,箍筋纵筋组成的宏观电偶电池中阴、阳极面积比对钢筋锈蚀速度影响较大,而要确定箍筋与纵筋间电偶锈蚀的阴、阳极面积比,则需确定箍筋锈蚀对纵筋的影响长度。根据地下管道中采用牺牲阳极保护阴极技术的研究成果可知,在阳极一侧,其电位在管道沿线介质中的衰减规律可以近似表达为

$$U_{a(x)} = U_{a(0)}\frac{b}{x} \qquad (6\text{—}12)$$

式中　$U_{a(x)}$——距阳极 x 处的电位；

$U_{a(0)}$——阳极电位；

b——为阳极与管道距离。

如图 6—12 所示，结合箍筋与纵筋连接的实际情况，假定箍筋锈蚀电位沿纵筋表面衰减到和纵筋电位相同时的距离为箍筋对纵筋的影响长度 l_2，并假定箍筋与纵筋距离为箍筋半径与纵筋半径之和，根据式(6—12)可以得出：

$$l_2 = \frac{E_g}{E_z}(r_z + r_g) \tag{6—13}$$

式中　l_2——为箍筋锈蚀对其一侧纵筋的影响长度；

E_g——箍筋的电位；

E_z——纵筋的电位；

r_g——箍筋的半径；

r_z——纵筋的半径。

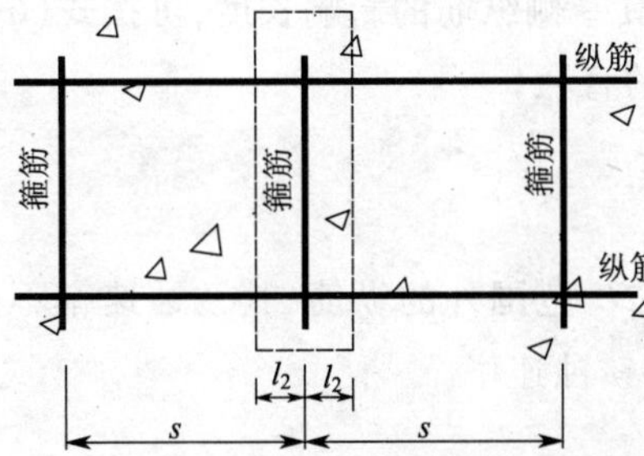

图 6—12　阴阳极面积范围示意图

箍筋和纵筋的电位是随环境变化的量，但在一般条件下，其变化范围一般为 −850 ~ −350 mV（相对于硫酸铜参比电极），另外箍筋的电位比纵筋的电位更负，因此箍筋电位 E_g 和纵筋电位 E_z 的比值为 1 ~ 2.42，即

$$\frac{E_g}{E_z} = 1 \sim 2.42 \tag{6—14}$$

为简化计算，可以假定箍筋电位和纵筋电位之比等于 2，于是式(6—13)简化为

$$l_2 = 2(r_z + r_g) = d_z + d_g \tag{6—15}$$

式中　d_g——箍筋的直径；

d_z——纵筋的直径；

其余符号意义同前。

因此，在箍筋与纵筋组成的宏观电偶电池中，认为箍筋两侧长度为 l_2 的范围内所有纵筋面积为阴极面积，l_2 以外的纵筋对箍筋无影响，整个箍筋的全部面积均为阳极面积（图 6—12）。箍筋与纵筋组成的电偶锈蚀宏电池中，宏阴极和宏阳极面积分别为

$$A_c = \sum \pi d_{zi} 2l_2 = \sum 2\pi d_{zi}(d_{zi} + d_g) \tag{6—16}$$

$$A_a = \pi b d_g \tag{6—17}$$

箍筋的锈蚀电流密度为

$$i_s = i_{s0}\left(1 + \frac{\sum 2l_2 d_i}{bd_2}\right) = i_{s0}\left[1 + \frac{\sum 2(d_{zi} + d_g)d_{zi}}{bd_g}\right] \tag{6—18}$$

对于受箍筋锈蚀影响的 $2l_2$ 范围内纵筋的锈蚀电流密度为

$$i_l = i_{l0}\left(1 - \frac{\sum 2l_2 d_i}{bd_2}\right) = i_{l0}\left[1 - \frac{\sum 2(d_{zi} + d_g)d_{zi}}{bd_g}\right] \tag{6—19}$$

式中 i_s——箍筋锈蚀电流密度；

i_l——纵筋锈蚀电流密度；

i_{s0}——无纵筋时箍筋自身锈蚀电流密度；

i_{l0}——无箍筋时纵筋自身锈蚀电流密度；

l_2——箍筋锈蚀对其一侧纵筋的影响长度，可按式(6—15)估算；

d_{zi}——第 i 根纵筋的直径；

b——箍筋的长度；

d_g——箍筋直径。

另一方面，对于长度 $2l_2$ 范围外的纵筋，其锈蚀速率不受箍筋锈蚀的影响，可以认为仍是无箍筋时钢筋的锈蚀速率。

6.3.2 箍筋锈蚀对纵筋锈蚀速率影响的试验研究

6.3.2.1 试件的设计

试件尺寸与钢筋位置如图 6—13、图 6—14 所示，纵向钢筋直径均为 12 mm，箍筋采用 HPB235 直径 8 mm 的光圆钢筋；水泥采用 R32.5 普通硅酸盐水泥，粗骨料最大粒径 15 mm，坍落度 70 mm，混凝土保护层厚度为 15 mm。

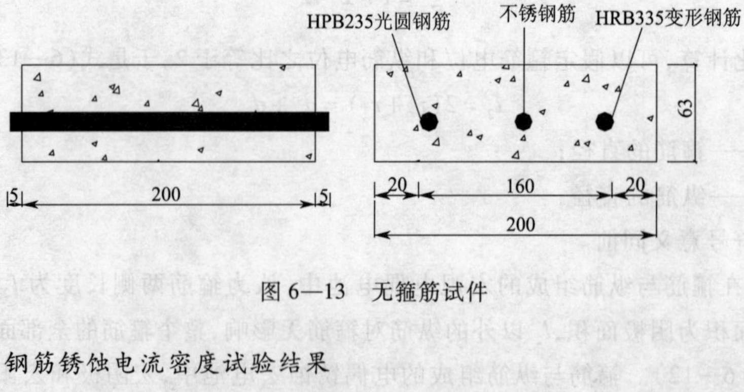

图 6—13 无箍筋试件

6.3.2.2 钢筋锈蚀电流密度试验结果

试件放入气候室后，每隔 10 d 左右，用 GECOR8 钢筋锈蚀速率测试仪测试箍筋和纵筋的锈蚀电流密度，并和式（6—19）所得的计算值进行比较，结果如图 6—15 所示。

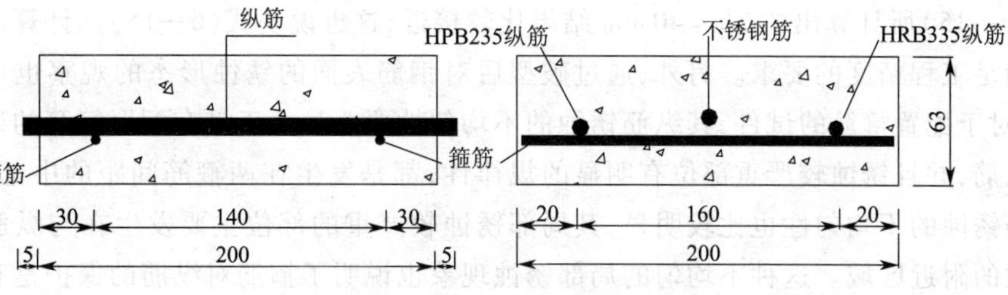

图 6—14　有箍筋试件

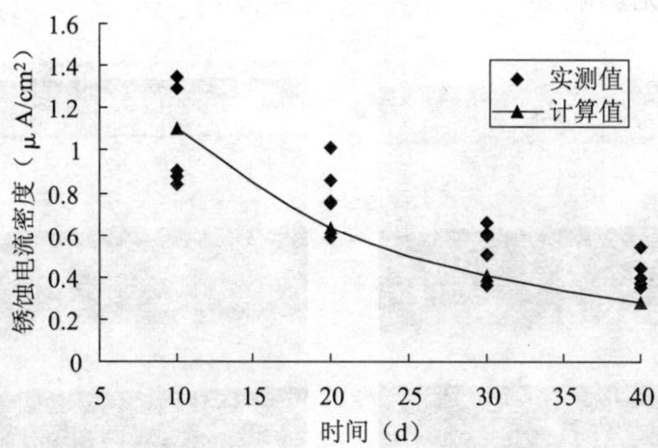

图 6—15　试件 GJ1 ~ GJ3 中箍筋的锈蚀电流密度

6.3.2.3　试件裂缝形态与钢筋锈蚀形态

图 6—16 是未配置箍筋试件和配置箍筋试件破型前混凝土保护层开裂的照片。从图中可以看出，对于没加箍筋的试件裂缝方向是沿纵筋方向，如图 6—16（a）所示，配有箍筋的试件最早出现的裂缝方向是沿箍筋方向，如图 6—16（b）所示，在沿箍筋方向的裂缝发展一定时间后，沿纵筋方向也出现顺筋裂缝，在试件破形试验前沿纵筋宽度均小于 0.15 mm 的裂缝。

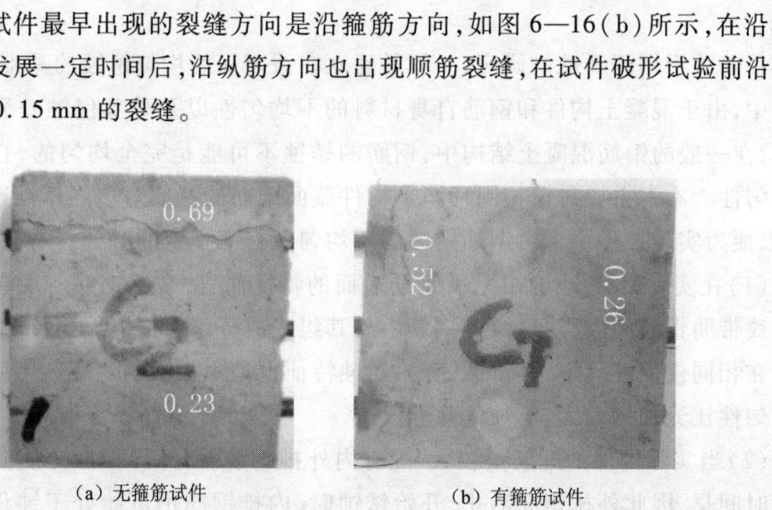

（a）无箍筋试件　　（b）有箍筋试件

图 6—16　同条件下有箍筋与无箍筋试件裂缝示意图

试件破型后，取出钢筋，除去浮锈后观察钢筋锈蚀形态与锈蚀位置，并近似测量箍筋对纵筋的保护长度，如图6—17所示，保护长度的变化范围为20～50 mm，这和式(6—15)所计算出的$2l_2=40$ mm结果比较接近，这也说明式(6—15)的计算结果可以满足工程精度的要求。另外，通过破型后对钢筋表面的锈蚀形态的观察也可以看出，对于配置箍筋的试件，其纵筋锈蚀的不均匀性要明显大于没有配置箍筋的试件中的纵筋，并且锈蚀较严重部位有明显的规律性，都是发生在两箍筋间距的中部，同时箍筋锈蚀的不均匀性也比较明显，其局部锈蚀较严重的部位主要发生在与纵筋接触部位的附近区域。这种不均匀的局部锈蚀现象也说明了箍筋对纵筋的保护是有一定长度的，在保护长度范围内，纵筋锈蚀长度范围内，其锈蚀速率将有所减小；保护长度以外，箍筋对其基本无影响。

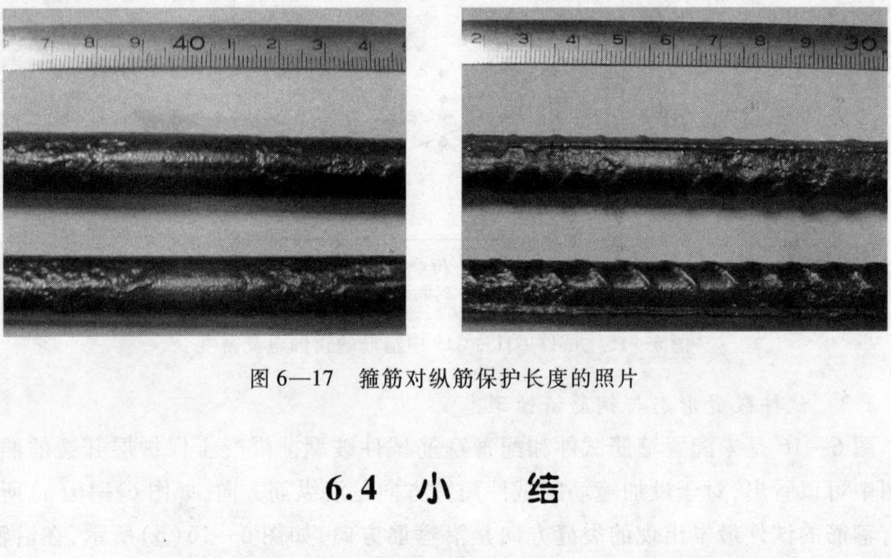

图6—17　箍筋对纵筋保护长度的照片

6.4 小　结

目前关于钢筋锈蚀的研究，一般是建立在假定钢筋均匀锈蚀的基础上的，但实际构件中，由于混凝土构件和钢筋自身材料的不均匀性以及外部侵蚀介质作用强度的不同，在一般的钢筋混凝土结构中，钢筋的锈蚀不可能是完全均匀的，它具有明显的不均匀性。本章主要讨论相同环境下构件截面配筋的特征对钢筋锈蚀速率的影响规律，以便为实际工程中考虑钢筋锈蚀的不均匀性打下一定的基础。

(1)在实际混凝土构件中，就钢筋表面的特征而言，常用钢筋一般包括光圆钢筋和螺纹带肋钢筋两大类，这两种钢筋由于其组成成分以及与混凝土接触的形态不同，即使在相同侵蚀环境下，其锈蚀速率、锈蚀特征也是不相同的。螺纹带肋钢筋锈蚀的不均匀性比光圆钢筋大，锈蚀危险性大。

(2)当实际构件的配筋量较大、配有内外排钢筋时，外界侵蚀介质到达外排钢筋表面时间早，因此外排钢筋活化、开始锈蚀时，内排钢筋仍可能处于钝化状态。这样在箍筋等导体的连接下，内、外排钢筋间将形成“钝化—活化”宏电池，将加速外排钢筋的锈蚀。内、外排钢筋间宏电流的大小与内、外排钢筋间电位差和混凝土电阻有关。

(3)实际的混凝土梁柱构件中，箍筋一般放置在纵筋的外面与纵筋绑扎在一起，因此箍筋的实际混凝土保护层厚度要比纵筋的保护层厚度小，在外界侵蚀介质的作用下，箍筋的锈蚀开始时间一般也要早于纵筋。箍筋的锈蚀对纵筋的锈蚀起到一定的保护作用，但这种保护作用较小，不足以使纵筋不发生锈蚀，同时箍筋对纵筋提供保护作用的长度也较小，大约为箍筋直径和纵筋直径之和。

第 7 章　混凝土构件钢筋锈蚀速率和锈蚀量预计

通过第 6 章的研究可以看出，与小试件中单根钢筋的锈蚀情况相比，在实际工程的钢筋混凝土构件中，由箍筋和纵筋所组成的三维钢筋骨架，钢筋锈蚀的影响因素更为复杂。首先在实际构件中，构件的锈蚀一般是不均匀锈蚀，并且这种不均匀性和钢筋的种类有关，变形带肋钢筋的局部锈蚀不均匀性要明显大于光圆钢筋；其次当构件配有内部钢筋时，由于它和外排钢筋的混凝土保护层厚度不同，当外排钢筋在外界侵蚀介质的作用下开始活化时，内排钢筋仍可能处于钝化状态，这样内、外排钢筋间将产生电位差，在箍筋的连接作用下，将产生宏电流而加速外排钢筋的锈蚀速率；还有实际混凝土构件中由于箍筋的混凝土保护层小于纵筋，一般情况下箍筋锈蚀开始时间比纵筋早，其锈蚀的程度也要比纵筋锈蚀严重，同时箍筋的锈蚀能对一定范围内的纵筋起保护作用，但这个保护范围并不大。因此，在考虑实际混凝土结构构件中钢筋的实际锈蚀速率时，不能简单的根据实验室中关于单根钢筋的研究成果来判断实际结构构件中钢筋锈蚀的状况，还要综合考虑构件截面配筋等因素的影响。

7.1　混凝土构件钢筋锈蚀速率预计综合模型

7.1.1　模型基本假定

根据实际结构构件中配筋的特点，考虑钢筋锈蚀不均匀性、内外排钢筋锈蚀影响和箍筋锈蚀对纵筋锈蚀的影响等因素，在建立混凝土构件中钢筋锈蚀速率预计时进行如下假设：

(1)保护层厚度相同的纵筋(构件的上部钢筋和下部的同排钢筋)，在相同的环境下，认为其同时活化，它们之间不存在电位差，其锈蚀速率互相不影响，但当构件截面配筋有如图 6—4(b)中的内排钢筋 bar3 时，在计算外排钢筋 bar1、bar2 的锈蚀速率时，还需考虑内外排钢筋间的宏电流。

(2)由于在箍筋和纵筋所组成的三维钢筋骨架中，箍筋的锈蚀对纵筋而言起一定的保护作用，且这个保护长度并不大，因此从结构安全的角度出发，在计算纵筋锈蚀速率时可以不考虑箍筋的保护作用，认为箍筋在纵筋锈蚀时只起连接导线的作用。

(3)考虑到构件横向裂缝和顺筋裂缝同时存在时钢筋锈蚀形式的复杂性，本文假设横向裂缝与顺筋裂缝不同时存在。

7.1.2　综合预计模型

7.1.2.1　纵向钢筋锈蚀速率综合预计模型

在第 3 ~ 6 章研究成果的基础上，综合考虑实际混凝土构件中内排钢筋对外排钢

筋的影响,钢筋混凝土构件中纵向钢筋锈蚀速率的综合预测模型可以表达为

$$i = i_1 + \frac{E_g}{\pi\rho_{con}(s_1 + d)} \tag{7—1}$$

式中 i——构件中纵向钢筋锈蚀的总电流密度(A/m^2);

E_g——内外部钢筋间电位差(V),无内排钢筋时,$E_g = 0$;

ρ_{con}——混凝土电阻率($m \cdot \Omega$),按式(7—3d)计算;

s_1——内外排钢筋间距(m);

d——钢筋直径(m);

i_1——无内排钢筋时其自身锈蚀电流密度。

根据构件实际所处的状态以及环境的湿度条件,i_1 分为以下几种情况分别来计算。

(1)无横向裂缝的构件

对于无横向裂缝的构件,又要根据钢筋锈蚀时有无顺筋裂缝按下述两种情况分别考虑:

1)顺筋裂缝出现前:

①环境相对湿度大于等于 90% 的高湿条件下:

$$i_1 = \alpha \cdot n_c F D_c \frac{L_c[O_2]^0}{\pi dc} \tag{7—2}$$

式中

$$D_c = 2.183 \times 10^{-9}(w/c)^{2.346} T_c^{\ 0.423} RH^{-3.247} \tag{7—2a}$$

对于中部钢筋

$$L_c = \begin{cases} L_{cz} = (s + 2r) & s \leqslant 2c \\ L_{cz} = (2c + 2r) & s > 2c \end{cases} \tag{7—2b}$$

对于角部钢筋

$$L_c = \begin{cases} L_{cj} = (s + 2c + 4r) & s \leqslant 2c \\ L_{cj} = (4c + 4r) & s > 2c \end{cases} \tag{7—2c}$$

②环境相对湿度小于 90% 的一般湿度条件下:

$$i_1 = \frac{\Delta E i_a}{\Delta E + \frac{\rho_{con} i_a}{300r}} \tag{7—3}$$

式中

$$\Delta E = 1.27 + 1.58 \times 10^{-3} T_c \tag{7—3a}$$

$$i_a = \alpha \cdot n_c F D_c \frac{L_c[O_2]^0}{\pi dc} \tag{7—3b}$$

$$D_{c0} = 2.578 \times 10^{-9}(w/c)^{2.346} T_c^{\ 0.423} \tag{7—3c}$$

$$\rho_{con} = [k \cdot (k_{Cl^-} - 1.8) + 100(RH - 1)^2 + 40] \exp\left[3\,000\left(\frac{1}{T_c + 273} - \frac{1}{298}\right)\right] \tag{7—3d}$$

对于中部钢筋

$$L_c = \begin{cases} L_{cz} = (s + 2r) & s \leqslant 2c \\ L_{cz} = (2c + 2r) & s > 2c \end{cases} \tag{7—3e}$$

对于角部钢筋 $L_c=\begin{cases}L_{cj}=(s+2c+4r) & s\leqslant 2c\\ L_{cj}=(4c+4r) & s>2c\end{cases}$ (7—3f)

2)顺筋裂缝出现后：

①环境相对湿度大于等于90%的高湿条件下：

$$i_1=i_0(0.45w+0.95)^{0.55} \tag{7—4}$$

其中，i_0 按式(7—2)计算。

②环境相对湿度小于90%的一般湿度条件下：

$$i_1=i_0(0.45w+0.95)^{0.55} \tag{7—5}$$

其中，i_0 按式(7—3)计算。

对于中部钢筋 $\begin{cases}L_{cz}=(s+2r) & s\leqslant 2c\\ L_{cz}=(2c+2r) & s>2c\end{cases}$ (7—5a)

对于角部钢筋 $\begin{cases}L_{cj}=(s+2c+4r) & s\leqslant 2c\\ L_{cj}=(4c+4r) & s>2c\end{cases}$ (7—5b)

式中 n_c——阴极反应单位氧的电子数，$n_c=4$；

F——法拉第常数，$F=96\,500$ C/mol；

α——氧气在水中溶解度，其值一般为0.025～0.028；

ρ_s——钢筋的密度；

D_c——钢筋锈蚀开始前混凝土保护层氧气扩散系数初始值；

$[O_2]^0$——混凝土构件外氧气的浓度，一般大气环境下为8.67 mol/m^3；

T_c——环境温度(℃)；

RH——环境湿度；

ρ_{con}——混凝土电阻率(Ω·m)；

k——和混凝土水灰比相关的系数，混凝土水灰比在0.3～0.4时，$k=-11.1$；水灰比在0.5～0.6时，$k=-5.6$；

k_{Cl^-}——Cl^-含量(占水泥质量的百分比)；

w/c——混凝土水灰比；

L_c——沿混凝土构件截面向钢筋传输氧气的透氧长度；

s——纵向钢筋间距；

c——钢筋保护层厚度；

r——钢筋半径；

t——钢筋已锈蚀的时间；

t_{cr}——钢筋锈蚀出现瞬间裂缝的时间；

w——顺筋裂缝的宽度。

(2)有横向裂缝的试件

由于横向裂缝和顺筋裂缝同时存在，钢筋的锈蚀比较复杂，在此不予考虑顺筋裂

缝，根据第5章研究成果，钢筋锈蚀速率预计模型为

1)先有横向裂缝，钢筋后锈蚀的构件：

$$i_a = \alpha \cdot n_c F D_c \frac{L_c[O_2]_0}{\pi dc} \frac{0.767\left(2.7c + 0.1\dfrac{2r}{\rho_{te}}\right) - 82.38 \cdot w_h}{0.233\left(2.7c + 0.1\dfrac{2r}{\rho_{te}}\right) + 82.38 \cdot w_h} \tag{7—6}$$

2)横向裂缝出现前，钢筋已经锈蚀的构件：

$$i_a = i'_{t0}\left(\frac{S_c}{S_a}\right)^{0.55} = i'_{t0}\left[\frac{0.047(13.5c\rho_{te} + r) + 82.38w_h\rho_{te}}{0.153(13.5c\rho_{te} + r) - 82.38w_h\rho_{te}}\right]^{0.55} \tag{7—7}$$

式中 ρ_{te}——按有效受拉混凝土截面面积 A_{te} 计算的纵向受拉钢筋配筋率；

w_h——横向裂缝宽度；

i'_{t0}——横向裂缝出现前钢筋锈蚀速率，根据构件所处环境按式(7—1)计算；

其余符号同前。

7.1.2.2 箍筋锈蚀速率预计模型

对于构件中箍筋的锈蚀，由式(6—15)在考虑箍筋锈蚀不均匀性后，箍筋锈蚀电流密度为：

$$i_s = i_{s0}\left[1 + \frac{\sum 2 \cdot (d_{zi} + d_g) d_{zi}}{bd_g}\right] \tag{7—8}$$

式中 i_s——箍筋锈蚀电流密度；

i_{s0}——无纵筋时箍筋自身锈蚀电流密度，根据构件所处环境按式(7—2)或式(7—3)计算；

d_{zi}——第 i 根纵筋的直径；

b——箍筋长度；

d_g——箍筋直径。

7.2 混凝土中钢筋锈蚀发展过程与锈蚀量预计

7.2.1 钢筋锈蚀的发展过程

金属腐蚀相关的研究成果表明，金属腐蚀速率随着时间的增加有逐渐减少的趋势，特别是固体介质中的腐蚀；文献[125]指出埋置于土壤中的钢材其锈蚀的失重量和时间的关系为：

$$Y = Kt^n \tag{7—9}$$

式中 Y——钢材的失重量；

t——时间；

K、n——常数。

与在土壤中锈蚀的钢材相似，混凝土中钢筋的锈蚀速率也随时间的变化而逐渐减少，这主要是由于钢筋锈蚀产物对钢筋与混凝土界面区的填充、密实作用。研究人员[15]通过对钢筋锈蚀层构造及发展的细观试验研究，对混凝土锈蚀速率的时变性进行了研究。研究结果表明，对于在恒温恒湿环境条件下钢筋的锈蚀，在混凝土保护层开裂前，钢筋锈蚀速率随时间的变化有一个下降阶段和平稳阶段，如图7—1所示。同时该文献还分析了钢筋锈蚀时变性的机理。

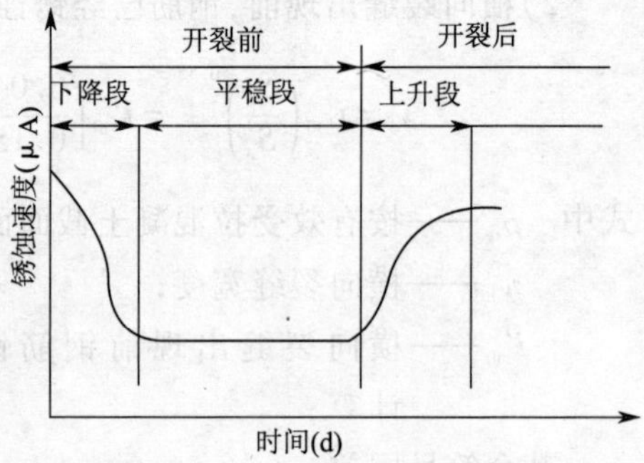

图 7—1　钢筋锈蚀速度的时变过程阶段划分[133]

(1)锈蚀初期钢筋锈蚀速率的下降阶段：随着钢筋锈蚀的发生和发展，原有的疏松、孔隙率高的钢筋与混凝土界面层逐渐形成了致密的"混凝土与铁锈混合层"，锈蚀层的逐渐形成和密实不仅为氧气扩散到阴极表面起了阻碍作用；同时密实的锈蚀层又将阻碍锈蚀反应物质和锈蚀产物的传输，从而抑制了混凝土中锈蚀钢筋的阳极反应过程，由此导致了钢筋锈蚀速率下降。

(2)钢筋锈蚀速率的平稳发展阶段：锈蚀速率下降到一定程度，锈蚀反应的速率与离子的传输速率、锈蚀反应的耗氧速率与外部环境的供氧速率达到平衡，锈蚀反应即平稳发展。在混凝土锈胀开裂前，如果其他环境因素条件不变，此阶段钢筋的锈蚀速率基本保持在一个水平上。

(3)锈胀开裂后的钢筋锈蚀速率的上升阶段：由于钢筋锈蚀的膨胀作用，混凝土保护层的拉应力不断增大，以致开裂。锈胀开裂导致紧密的锈蚀层得到应力释放，为氧气和水分的传输提供了新的通道，供氧速率大于耗氧速率，锈蚀反应加快。随锈胀裂缝宽度的增大，钢筋锈蚀速率会有一个不断增大的过程。

在锈胀开裂后期，锈蚀产物不断往裂缝中充填，同时积聚在钢筋表面，到一定程度，锈蚀产物在裂缝中的填充和在钢筋表面的积聚使得氧气和水分的传输又受到阻滞。初步研究表明，在锈胀开裂后期，钢筋锈蚀速率增大速率逐趋平稳，甚至还会发生下降趋势。锈胀开裂后期钢筋时变过程尚有待进一步深入研究。

在上述钢筋锈蚀速率随时间变化的过程中，特别是钢筋锈蚀初期的钢筋锈蚀速率下降阶段，由于影响因素较多，目前还不能准确确定钢筋锈蚀速率随时间的变化关系，本书中所推导的钢筋锈蚀速率基本模型主要适用于钢筋锈蚀的平稳阶段。

7.2.2　锈蚀电流密度与锈蚀量的关系

根据法拉第定律，钢筋锈蚀的失重量和锈蚀电流之间的关系为

$$\Delta W = \frac{Q}{F} \cdot \frac{A}{n} \tag{7—10}$$

式中　ΔW——试件失重量(g)；

Q——锈蚀时阳极通过的电量(C)，$Q=It$；

F——法拉第常数，$F=96\,500$ C/mol；

$\frac{A}{n}$——金属的相对原子质量/价数，一般记为 N，对于特定电化学反应，其值为定值，混凝土中钢筋锈蚀是一般等于28；

I——阳极锈蚀电流(A)，$I=i_aS_a$；

t——锈蚀时间(S)；

i_a——钢筋锈蚀电流密度(A/m²)；

S_a——钢筋锈蚀面积(m²)。

则

$$\Delta W=\frac{28It}{F}=\frac{28i_aS_at}{F} \tag{7—11}$$

考虑钢筋锈蚀速率随时间变化的时变性，则钢筋锈蚀的电流及电流密度不是一恒定值，而是随时间变化的函数。在温、湿度等其他条件不变的情况下，设钢筋锈蚀电流随时间的关系为 $I(t)$，锈蚀电流密度随时间的变化关系为 $i(t)$，则根据式(7—10)，从锈蚀开始时间点 $0\to t$ 时刻，钢筋的锈蚀量 ΔW 为

$$\Delta W=\frac{28}{F}\int_0^t I(t)\,\mathrm{d}t=\frac{28S_a}{F}\int_0^t i(t)\,\mathrm{d}t \tag{7—12}$$

7.2.3　自然环境中钢筋锈蚀量预计

工程实际结构都是在一定的自然气候环境下工作的，不同的国家和地区其自然气候环境是不同的。即使采用相同的材料，相同的设计与施工方法，由于所处具体地区自然气候环境条件的差异，必然使得混凝土结构耐久性退化发展的规律存在差异，从而导致其不同的使用寿命。因此，结合混凝土结构具体使用环境地区的自然气候条件来进行使用寿命的预测和评估具有重要意义。

7.2.3.1　自然气候环境下温、湿度变化的一般特征

对于一个特定地区而言，其自然气候环境的温湿度变化的特点是短期气候波动性较大，而从长期统计的数据来看，又具有长期稳定性的特点。自然气候环境变化一般可分为一年四季的变化和昼夜气候的变化，如徐州地区属暖温带季风气候区，年日照时数为2 284～2 495 h，日照率52%～57%，年平均气温14 ℃，年均无霜期200～220天，年均降水量800～930 mm，雨季降水量占全年的56%；一年中从春季开始室外气温开始升高，到夏季8月份左右一般达到最高值，然后随着秋季的到来气温开始下降，到冬季2月份左右达到最低值。图7—2是2004～2006年徐州地区的全年室外自然气候温度、相对湿度的变化规律图。从图中可以清楚地看出，徐州地区温度长期变化的规律十分明显，基本符合正弦函数的变化规律，而相对湿度的变化则在60%～80%的范围内。

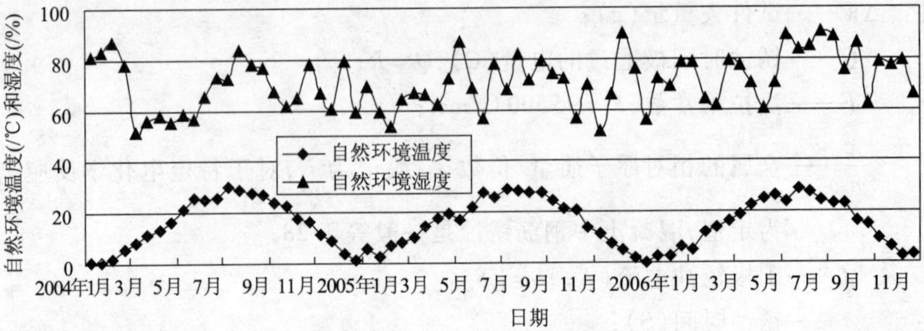

图 7—2　徐州地区 2004 ~ 2006 年室外自然气候温度和湿度年度变化[166]

7.2.3.2　自然气候环境下温、湿度的等效方法

影响混凝土结构耐久性的主要因素有混凝土材料本身的因素及其所处的环境因素,其中环境因素主要为环境的温度、相对湿度以及周围环境中对结构有不良作用的介质等。在材料相同的情况下,环境的温湿度则成为影响混凝土构件耐久性的最主要因素。人工气候环境下,可以近似认为构件所处环境的温、湿度相对恒定,即环境温、湿度是不随时间变化的常量。

但在自然气候环境中,由于自然气候环境中温度、湿度随时间的变化而不断变化,不可能将每一时刻的温度、湿度都考虑清楚代入公式进行钢筋锈蚀速率计算,因此必须采用一定的方法将变化的温度、湿度折算成一个可以代入公式进行计算的数值。传统的取值方法是用某一地区的一个固定的年平均温湿度、月平均温湿度度或日平均温湿度等方法等来代表该地区整年、整月或一天的气候变化对钢筋锈蚀的影响。从实际工程所要达到的精度和计算复杂程度两方面来考虑,以年为时间段的取值方法计算量较小,但其计算精度过于粗略,以致计算的结果不是令人太放心;而以日为时间段的取值方法的缺点则是计算的工作量太大,并且实际工程上一般寿命评估和预计的精度也不需要这么高的精确。从上述两种原因出发,实际工程中工程时间段的取值以月为单位为好。

另外,根据金属腐蚀学关于大气环境下金属的腐蚀[13,14],以及混凝土中钢筋锈蚀已有的研究成果,当自然环境温度低于 5℃、相对湿度低于 60% 时,钢筋锈蚀速率很低,主要原因是低温使钢筋锈蚀的电化学反应速率降低,而低湿度则使钢筋锈蚀所需的水不能及时形成,从而使钢筋的锈蚀速率很低,这种环境下基本可以不考虑钢筋的锈蚀。因此,自然环境中钢筋锈蚀速率的大小主要取决于环境温度大于 5℃、相对湿度高于 60% 的有效温度和有效湿度。

另一方面,在关于农作物的生长速率[148、149]和复合材料老化速率[150]的研究中发现,环境温度和环境相对湿度对化学反应速度的影响还和温、湿度的作用时间有关,因此其提出了积温和积湿的概念,积温就是温度与其作用时间的乘积;积湿就是环境相对湿度与其作用时间的乘积。

现在,我们将积温和积湿的概念引入混凝土内钢筋锈蚀速率的研究,并考虑以月作为研究的时间段,并假设该月中日平均温度高于5℃的天数为n_t、该月中日平均相对湿度高于60%的天数n_R,则

月积温度
$$MT = T_1 \times 1 + T_2 \times 1 + \cdots + T_{n_t} \times 1 = \sum_{i=1}^{n_t} T_i \tag{7—13}$$

月积湿度
$$MRH = RH_1 \times 1 + RH_2 \times 1 + \cdots + RH_{n_R} \times 1 = \sum_{i=1}^{n_R} RH_i \tag{7—14}$$

式中 MT——月积温度(℃);

MRH——月积湿度;

T_i——日平均温度高于5℃第i天的日平均温度(℃);

RH_i——日平均相对湿度高于60%的第i天的日平均相对湿度;

n_t——月中日平均温度高于5℃的天数;

n_R——月中日平均相对湿度高于60%的天数。

再引入月当量温度DT_m和月当量湿度DRH_m的概念,并令

$$MT = DT_m \times N_0 \tag{7—15}$$

$$MRH = DRH_m \times N_0 \tag{7—16}$$

式中 DT_m——月当量温度(℃);

DRH_m——月当量相对湿度;

N_0——月总天数;

其余符号意义同前。

$$DT_m = \frac{\sum_{i=1}^{n_t} T_i}{N_0} \approx \frac{\bar{T}_m \cdot n_t}{N_0} \tag{7—17}$$

$$DRH_m = \frac{\sum_{i=1}^{n_R} RH_i}{N_0} \approx \frac{\overline{RH}_m \cdot n_R}{N_0} \tag{7—18}$$

式中 $\bar{T}_m$——月平均温度(℃);

$\overline{RH}_m$——月平均相对湿度;

其余各符号意义同前。

7.2.3.3 自然气候环境下钢筋锈蚀量预计

根据上述自然环境中温湿度的等效方法,可以计算出自然环境下钢筋锈蚀月当量温度和当量湿度,再根据式(7—1)和式(7—12),即可估算自然环境下混凝土构件中钢筋的锈蚀量。

7.3 锈蚀钢筋混凝土受弯构件承载能力退化规律与预计模型

钢筋混凝土结构是由多种构件构成的结构体系,在混凝土构件内钢筋开始锈蚀

后，由于钢筋锈蚀所造成的钢筋截面或质量的损失会使构件性能会逐渐劣化，最终导致整个结构的安全性和使用性下降。钢筋锈蚀对混凝土构件承载能力的影响主要体现在以下几个方面：

(1)锈蚀后钢筋的截面面积和力学性能将发生变化；

(2)钢筋锈蚀使钢筋与混凝土界面结构发生改变，混凝土保护层将沿钢筋产生纵裂，甚至脱落，从而改变钢筋与混凝土的粘结性能；

(3)钢筋锈蚀造成的混凝土保护层开裂脱落会将混凝土分割成未能良好连接的几部分，故必然造成参与受力的混凝土有效截面减少，从而影响整个结构的承载性能。

7.3.1 锈蚀钢筋混凝土受弯构件承载能力的影响因素

对于钢筋锈蚀的受弯构件，当用正常的计算方法进行强度计算时，应根据锈蚀开裂和损伤程度的不同来考虑钢筋的截面损失、屈服强度损失，以及混凝土截面的损失和粘结应力的退化等所引起的构件强度降低。

7.3.1.1 锈蚀钢筋力学性能

钢筋力学性能退化主要是由于钢筋截面减小及钢筋表面的坑蚀所造成的局部应力集中。钢筋产生坑蚀后，对于不同类型的试件，其力学性能退化模型是不同的，其受拉和受压锈蚀钢筋名义屈服强度，可按本丛书之《锈蚀混凝土结构的安全性评估与设计》中所提出的概率统计方法来确定。

7.3.1.2 锈蚀钢筋截面损失和粘结性能

钢筋锈蚀肯定会引起其自身截面损失和粘结性能退化，不过，在发生明显的粘结滑移破坏之前，梁中钢筋与混凝土间的受力机理的改变目前还不是很清楚，因此，研究者一般以协同工作降低系数来考虑发生粘结破坏以前的粘结退化的影响，即钢筋锈蚀产生的钢筋截面损失和粘结性能两种因素的影响，通过纵向受拉钢筋等效截面面积综合考虑[100]，表示为

$$A_{y,se}=\sum_{i=1}^{n}k_{si}\xi_{si}A_{si} \tag{7—19}$$

式中 $A_{y,se}$——纵向受拉钢筋等效截面面积；

A_{si}——第 i 根受拉钢筋截面面积设计值；

k_{si}——第 i 根受拉钢筋协同工作系数，主要考虑粘结性能退化的影响。

ξ_{si}——第 i 根受拉钢筋截面面积减少系数。

7.3.1.3 混凝土截面几何损伤

文献[42,100]对混凝土保护层开裂后的构件强度计算方法已经进行了相关研究，认为混凝土保护层胀裂脱落引起的构件截面几何损伤，可由下式计算：

$$\begin{cases}h_e=h-\alpha_0(c_1+c_2)\\ b_e=-\alpha_0(c_3+c_4)\end{cases} \tag{7—20}$$

式中　h、b——截面原有高度和宽度(mm)；

h_e、b_e——锈胀后截面计算高度和计算宽度(mm)；

c_1、c_2——截面高度方向的两侧保护层厚度(mm)；

c_3、c_4——截面宽度方向的两侧保护层厚度(mm)；

α_0——几何损伤系数，对于梁，当锈胀裂缝宽度 $w \leqslant 3.0$ mm 时，$\alpha_0 = 0.15w$，当 $w > 3.0$ mm 时，$\alpha_0 = 1.0$[42]。

7.3.2　锈蚀钢筋混凝土受弯构件的承载能力退化规律

近年来，国内外学者对锈蚀后钢筋混凝土受弯构件承载能力进行了大量研究，研究表明混凝土中钢筋锈蚀程度(锈蚀量)的不同，钢筋锈蚀对受弯构件承载能力的影响程度和破坏形态也不同。

(1)钢筋锈蚀率较小(一般<2%)、混凝土保护层未出现锈胀裂缝：锈蚀钢筋力学性能不发生明显变化，同时由于锈蚀产物的体积膨胀作用，还会使钢筋与混凝土之间的粘结性能得到一定的提高，受弯构件的承载能力可能会略有提高，构件破坏形态没有明显变化[45]。构件承载力计算时可以不考虑钢筋锈蚀的影响。

(2)钢筋锈蚀率<10%、混凝土保护层出现了锈胀裂缝：此时的锈蚀钢筋混凝土构件的破坏形态仍然表现为弯曲破坏；锈蚀钢筋混凝土受弯构件截面的平均应变分布仍基本符合平截面假定，锈后受弯构件正截面承载能力计算方法仍可采用未锈蚀构件的正截面承载力计算方法[42,47]；但随着钢筋锈蚀程度的发展，计算时需要考虑钢筋截面面积的减小、钢筋屈服强度的降低，以及钢筋与混凝土间粘结性能退化所引起的钢筋混凝土协同工作能力降低对承载力的影响，同时文献[47]的试验结果表明锈蚀钢筋混凝土受弯构件的延性随钢筋锈蚀程度的增加而降低。

对于钢筋锈蚀所引起的钢筋混凝土协同工作能力降低大小与钢筋锈蚀程度之间的关系，前苏联学者认为受力钢筋锈蚀量为5%～15%时，对于三类构件其协同工作降低系数宜为0.8[151]；文献[152]根据混凝土保护层的锈胀损伤程度，协同工作系数在0.5～1.0取值。文献[153]也根据自己的试验结构分别给出了协同工作降低系数的计算式。

(3)钢筋锈蚀率>10%、混凝土保护层出现了较大锈胀裂缝，但混凝土保护层没有脱落：此时由于构件混凝土材料强度等级、截面尺寸、配筋量以及锚固构造措施的不同，受弯构件可能发生适筋梁弯曲破坏，也可能发生超筋破坏、少筋破坏，甚至发生粘结破坏和剪切破坏。如文献[42]的试验中，当压区钢筋锈蚀引起的混凝土表面顺筋裂缝宽度达到2 mm时，受拉钢筋刚屈服时，受压区混凝土就出现压碎的现象，梁破坏形态处于超筋梁和适筋梁的界限破坏状态。

(4)钢筋锈蚀使混凝土保护层脱落：此时混凝土与钢筋间的粘结力基本丧失，受弯构件主要以钢筋端部锚固滑移破坏为主[154,155]。若钢筋端部锚固措施可靠，且全跨受拉钢筋混凝土保护层均发生锈胀脱落，则其受力特点和破坏特征类似于拉杆拱，与混凝土间无粘结的锈蚀钢筋相当于拉杆，受压区混凝土形成拱轴线。

7.3.3 锈蚀钢筋混凝土受弯构件的承载能力预计模型

锈蚀钢筋混凝土受弯构件承载力计算模型的建立是一个极为复杂的问题。目前的研究主要是定性分析钢筋锈蚀对构件刚度、强度和破坏形态等宏观力学性能的影响[156-158]。由于测试技术和手段的限制，在承载力计算模型方面，大多数学者主要是通过两种途径考虑粘结性能退化对承载力的影响：一是先按无锈蚀构件计算承载力，然后乘以协同工作降低系数[159,160]；二是对受拉钢筋乘以协同工作降低系数，然后按《混凝土结构设计规范》(GB50010—2002)计算[86,151,152]。

中国矿业大学混凝土耐久性课题组运用弹性力学、理论力学基本理论，并立足于现行混凝土结构计算理论，考虑钢筋锈蚀程度、混凝土劣化程度等因素对受腐蚀钢筋混凝土梁承载力计算方法的影响，提出了以下较为实用的锈蚀钢筋混凝土受弯构件承载力计算模型[133]。

(1)锈蚀程度相对较小的构件，认为其破坏形式与未锈蚀时相似，发生适筋延性破坏而不会出现粘结撕裂破坏。在考虑锈蚀钢筋力学性能退化、粘结性能退化引起协同工作系数的变化，沿用普通钢筋混凝土正截面破坏的力学模型和计算模型，并将锈蚀钢筋的本构关系考虑进去，得到如下与钢筋锈蚀率有关的锈蚀钢筋混凝土梁承载力计算模型[133]。

单筋矩形截面：

$$M_{c,u} = -0.5\alpha_1 f_c b_e \left\{ \left[\frac{f_{y,c}\sum_{i=1}^{m}(-0.2722w+1.0438)(1-\lambda_i)A_{si}}{\alpha_1 f_c b_e} - h_{0e} \right]^2 - h_{0e}^{\ 2} \right\} \tag{7—21}$$

双筋矩形截面：

$$M_{c,u} = -0.5\alpha_1 f_c b_e \cdot \left\{ \left[\frac{f_{y,c}\sum_{i=1}^{m}(-0.2722w+1.0438)(1-\lambda_i)A_{si} - f'_{y,c}\sum_{j=1}^{n}(1-\lambda_j)A'_{sj}}{\alpha_1 f_c b_e} - h_{0e} \right]^2 - h_{0e}^{\ 2} \right\} + f'_{y,c}(h_{0e}-2a_s)\sum_{j=1}^{n}(1-\lambda_j)A'_{sj} \tag{7—22}$$

式中 $M_{c,u}$——锈蚀钢筋混凝土梁正截面受弯承载力；

α_1——受压区混凝土矩形应力图所取应力与混凝土抗压强度设计值的比值；

f_c—混凝土轴心抗压强度；

b_e—锈胀构件截面宽度；

h_{0e}—锈胀构件截面有效高度，；

x——受压区等效矩形应力图高度；

$f_{y,c}$，$f'_{y,c}$——受拉和受压锈蚀钢筋名义屈服强度；

$A_{y,se}$——纵向受拉钢筋等效截面面积；

λ——钢筋锈蚀损伤率(%)；

w——钢筋锈蚀损伤率(%)；

i,j——分别对应梁底和梁顶配置的第 i 和第 j 根钢筋；

m,n——分别对应梁底和梁顶配置的钢筋数量。

(2)随着钢筋锈蚀率增加，钢筋混凝土构件的基本性能必然随之退化，构件会由适筋破坏演变逐渐向粘结撕裂破坏形式演化。其承载力由受压区混凝土抗压、受拉区钢筋承拉，其受力特点和破坏特征类似于拉杆拱，与混凝土间无粘结的锈蚀钢筋相当于拉杆，受压区混凝土形成拱轴线，如图 7—3 所示[133]。

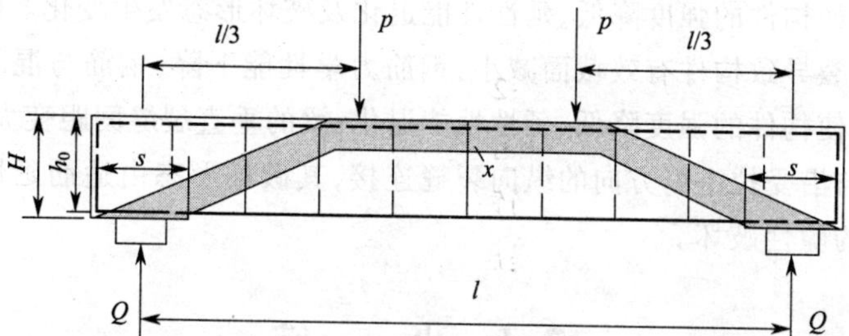

图 7—3　梁拉杆拱破坏模型

针对这一特点，利用拉杆拱模型，运用极限平衡理论，可以建立受压区高度 x 与剪应力 τ 的关系：

$$x=\frac{\tau\pi d(s_1-\Delta s)}{f_c b} \tag{7—23}$$

又由于混凝土梁的高度和宽度远远小于梁的跨度，将混凝土梁简化成材料力学里的"杆件梁"，在受力后该梁将发生弯曲变形，此变形认为是钢筋的滑移，根据几何关系和弹性力学，求出钢筋微滑移量与剪应力的关系：

$$\Delta s=\frac{ldE_s\left(\frac{1}{\cos\theta}-1\right)+4\tau s_l}{3dE_s+4\tau} \tag{7—24}$$

最后根据钢筋混凝土梁的弯矩平衡，利用上述结果得到载荷与剪应力的关系。

单筋矩形截面：

$$M_{su}=-\frac{1}{2\alpha_1 f_c b_e}\left[\frac{0.5\pi ld^2E_{sc}\sum_{i=1}^{m}(-0.2722w+1.0438)\tau_0}{3dE_{sc}+4\sum_{i=1}^{m}(-0.2722w+1.0438)\tau_0}-\alpha_1 f_c b_e h_{0e}\right]^2+\frac{1}{2}\alpha_1 f_c b_e h_{0e}{}^2 \tag{7—25}$$

双筋矩形截面：

$$M_{su}=-\frac{1}{2\alpha_1 f_c b_e}\left\{\frac{0.5\pi ld^2E_{sc}\sum_{i=1}^{m}(-0.2722w+1.0438)\tau_0}{3dE_{sc}+4\sum_{i=1}^{m}(-0.2722w+1.0438)\tau_0}-\alpha_1 f_c b_e\left[h_{0e}+\frac{f'_{y,c}\sum_{j=1}^{n}(1-\lambda_j)A'_{sj}}{2\alpha_1 f_c b_e}\right]\right\}^2+$$

$$\frac{1}{2}\alpha_1 f_c b_e\left[h_{0e}+\frac{f'_{y,c}\sum_{j=1}^{n}(1-\lambda_j)A'_{sj}}{2\alpha_1 f_c b_e}\right]^2 \tag{7—26}$$

式中　s_1——钢筋在混凝土中的锚固长度(mm)；

Δs——钢筋的微滑移量；

E_c——混凝土的弹性模量；

E_s——钢筋的弹性模量；

其余符号意义同前。

综上所述,混凝土构件内的钢筋锈蚀;使混凝土受弯构件的基本性能发生了较为明显的变化,如构件的强度降低、延性性能退化及破坏形态发生变化。随着锈蚀量增加,混凝土开裂导致构件有效截面减小,钢筋力学性能下降,钢筋与混凝土间的粘结力退化,最终使构件的强度降低、延性性能退化;梁的垂直裂缝间距变大,接近支座处斜裂缝逐渐与沿受拉主筋方向的纵向裂缝连接,其破坏形态由适筋延性破坏转为钢筋粘结撕裂的脆性破坏。

7.4　小　　结

(1)本章根据实际结构构件中配筋的特点,考虑钢筋锈蚀不均匀性、内外排钢筋锈蚀影响和箍筋锈蚀对纵筋锈蚀的影响等因素,建立混凝土构件中纵筋及箍筋锈蚀速率预计的综合模型。

(2)目前,在考虑锈蚀钢筋力学性能退化规律、锈蚀钢筋与混凝土粘结性能以及锈蚀混凝土构件承载性能时,常用钢筋锈蚀量这一指标,本章根据法拉第定律讨论了通过钢筋锈蚀电流密度计算一段时间内钢筋锈蚀量的方法,特别讨论了自然环境下环境温湿度的等效简化计算方法。

(3)在混凝土构件内钢筋开始锈蚀后,钢筋锈蚀所造成的钢筋截面或质量的损失,会使构件性能逐渐劣化,最终导致整个结构的安全性和使用性下降。影响锈蚀钢筋混凝土受弯构件承载能力的因素主要有锈蚀钢筋力学性能、锈蚀钢筋截面损失量、锈蚀钢筋与混凝土的粘结性能以及混凝土自身的截面几何损伤等因素。

(4)钢筋锈蚀率较小(一般<2%)、混凝土保护层未出现锈胀裂缝时,构件承载力计算时可以不考虑钢筋锈蚀的影响。钢筋锈蚀率<10%、混凝土保护层出现锈胀裂缝时,锈蚀钢筋混凝土构件的破坏形态仍然表现为弯曲破坏;锈蚀钢筋混凝土受弯构件截面的平均应变分布仍基本符合平截面假定、锈后受弯构件正截面承载能力计算方法仍可采用未锈蚀构件的正截面承载力计算方法;但随着钢筋锈蚀程度的发展,计算时需要考虑钢筋截面面积的减小、钢筋屈服强度的降低,以及钢筋与混凝土间粘结性能退化所引起的钢筋混凝土协同工作能力降低对承载力的影响。

钢筋锈蚀率大于10%、混凝土保护层出现了较大锈胀裂缝,但混凝土保护层没有脱落时,受弯构件可能发生适筋梁弯曲破坏,也可能发生超筋破坏、少筋破坏，甚至发生粘结破坏和剪切破坏。当钢筋锈蚀使混凝土保护层完全脱落时，混凝土与钢筋间的粘结力基本丧失，受弯构件主要以钢筋端部锚固滑移破坏为主。

(5)本章介绍了中国矿业大学混凝土耐久性课题组提出的较为实用的锈蚀钢筋混凝土受弯构件承载力计算模型，该模型是在弹性力学、理论力学的基本理论上，考虑钢筋锈蚀程度、混凝土劣化程度等因素的影响而建立的。

第8章 混凝土结构耐久性极限状态

工程结构的目的是利用结构的性能完成预先设计的功能。目前,混凝土结构设计方法主要是针对结构建造初期的承载力极限状态进行安全设计和考虑约束变形作用进行适用性的验算,但在环境等因素的作用下,混凝土中钢筋的锈蚀会使结构的性能随时间的延续而逐渐退化,因此,考虑钢筋锈蚀的混凝土结构耐久性设计是不可回避的重要内容。本章首先介绍目前现行规范中结构设计的一般方法,在此基础上根据国内外大量相关研究成果分析锈蚀钢筋混凝土结构耐久性极限状态确定的原则以及耐久性设计方法。

8.1 工程结构可靠度与概率极限状态

8.1.1 结构可靠度与可靠性指标

目前,包括我国在内的许多国家和地区都已经采用概率极限状态的结构设计方法。该方法的基本思想是根据结构的极限状态建立基本方程,而方程中所包含的各个结构参数(比如各种结构作用、结构强度、刚度、几何尺寸等)则按随机变量对待,于是结构的可靠与否就属于概率问题,其度量参数即为可靠度或可靠指标。《建筑结构可靠度设计统一标准》(GB50068—2001)中将可靠度的概念表述为:"结构在规定的时间内,规定的条件下,完成预定功能的概率"。所谓"规定的时间",一般是指结构的设计基准期,它是分析结果可靠度时确定各项基本变量取值而选用的时间参数。而"规定的条件"是指结构的正常设计、正常施工和正常使用的条件。结构可靠度的这一定义是从统计数学观点出发的比较科学的定义,因为实际使用中各种因素的变化具有随机性,结构完成预定功能的能力只能用概率来衡量[161]。

在计算结构可靠度时,我们将结构完成预定功能的概率称为可靠概率,用 P_s 表示;相应地把结构不能完成预定功能的概率称为失效概率,用 P_f 表示。

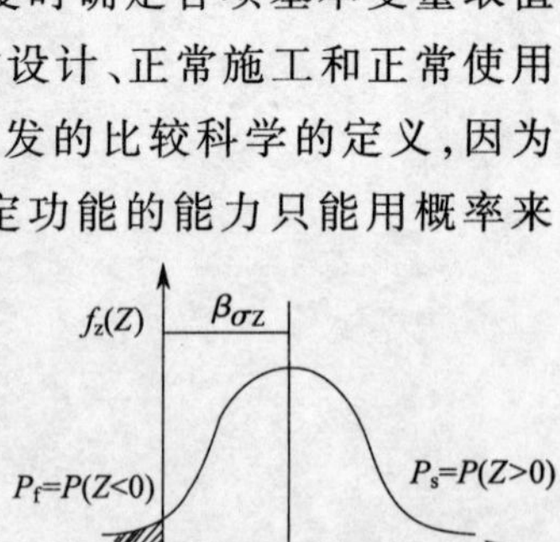

图8—1 度量结构可靠度的尺寸

已知随机变量 $Z=R-S$ 的概率密度函数为 $f_z(Z)$,如图8—1所示。由图可见,失效概率 P_f 为概率密度函数 $f_z(Z)$ 的尾部与 OZ 轴所围成的面积(称为尾部面积),可靠概率 P_s 为概率密度函数 $f_z(Z)$ 的 $Z>0$ 部分与 OZ 轴所围成的部分。

按概率论理论,P_f 和 P_s 值原则上可以按式(8—1)和式(8—2)计算求得。

$$P_f = P(Z < 0) = \int_{Z<0}^{K} \int f_X(X_1, X_2, \Lambda, X_n) dX_1 dX_2 \Lambda dX_n \quad (8—1)$$

$$P_s = P(Z > 0) = \int_{Z>0}^{K} \int f_X(X_1, X_2, \Lambda, X_n) dX_1 dX_2 \Lambda dX_n \quad (8—2)$$

用 P_s 或者 P_f 来度量结构可靠度具有明确的物理意义，能较好地反映问题的实质。但是，计算 P_f 一般要通过多维积分，数学上比较复杂，甚至难以求解。为此引入可靠指标来度量结构的可靠度。

若结构的功能函数为 Z，其均值、标准差和变异系数分别为 μ_z、σ_z 和 δ_z，可靠指标定义为 δ_z 的倒数，即

$$\beta = \frac{1}{\delta_z} = \frac{\mu_z}{\sigma_z} \quad (8—3)$$

从图 8—1 还可以看出，β 也可以反映 $f_z(Z)$ 的尾部面积的大小，β 值与 P_f 值一一对应，β 值大则对应的 P_f 值小，即可靠度高。因此 β 和 P_f 一样，可以作为度量结构可靠度的尺度。

《建筑结构可靠度设计统一标准》(GB50068—2001)、《铁路工程结构可靠度设计统一标准》(GB50216—94)和《港口工程结构可靠度设计统一标准》(GB50158—92)都是采用结构的可靠指标来度量结构的可靠度。

8.1.2 结构构件可靠度的计算方法

对结构活荷载、风荷载、雪荷载等可变荷载的研究表明，它们均服从极值Ⅰ型分布，而结构抗力一般服从对数正态分布。拉克微茨和菲斯莱等人在此基础上，提出了当量正态变量模式，建立了结构可靠度计算方法——验算点法(改进的二阶矩理论)。《工程结构可靠度设计统一标准》(GB50154—92)就推荐采用这一理论来计算结构的可靠度，其计算主要过程如下：

在结构设计与可靠性分析中，影响结构可靠点的因素一般为多个随机变量，假定 $X_1, X_2, \cdots X_n$ 为 n 个相互独立的正态分布基本变量，其均值、标准差分别为 μ_{X_i}, σ_{X_i} $(i=1,2,\cdots n)$，其极限状态方程表达为：

$$g(X_1, X_2, \cdots, X_n) = 0 \quad (8—4)$$

该极限状态方程可视作坐标系 $OX_1X_2\cdots X_n$ 中的一个曲面，称为极限状态曲面。

引入标准化正态随机变量：

$$\overline{X}_i = \frac{X_i - \mu_{X_i}}{\sigma_{X_i}} (i = 1, 2, \cdots, n) \quad (8—5)$$

于是，可靠指标 β 就是标准正态坐标系 $\overline{OX_1}\ \overline{X_2}\cdots\overline{X_n}$ 中原点 $\overline{O}$ 到极限状态曲面的最短距离，而极限状态曲面上离原点 $\overline{O}$ 的最短距离点 P^* 就是“设计验算点”。

根据式(8—5)，P^* 点在原坐标系 $OX_1X_2\cdots X_n$ 中的坐标为

$$x_i^* = \mu_{x_i} + \beta\sigma_{x_i}\cos\theta_{x_i}(i = 1, 2, \cdots, n) \tag{8—6}$$

$\cos\theta_{x_i}$为 P^* 点的法线对坐标向量的方向余弦，根据解析几何得其表达式为

$$\cos\theta_{x_i} = \frac{-\left.\frac{\partial g}{\partial X_i}\right|_{P^*} \cdot \sigma_{x_i}}{\left[\sum_{i=1}^{n}\left(\left.\frac{\partial g}{\partial X_i}\right|_{P^*} \cdot \sigma_{x_i}\right)^2\right]^{1/2}} \tag{8—7}$$

同时，P^* 点自动满足极限状态方程式(8—4)，即

$$g(x_1^*, x_2^*, \cdots, x_n^*) = 0 \tag{8—8}$$

联解式(8—6)、式(8—7)和式(8—8)便可得到可靠指标 β 及验算点各个坐标 x_i^*（亦即各个随机变量的设计取值）。

当基本变量 X_i 为非正态随机变量时，应转化为当量正态随机变量 X'_i，其平均值 μ'_{x_i}和标准差 σ'_{x_i} 可按下列公式计算：

$$\mu'_{x_i} = x_i^* - \Phi^{-1}[F_{X_i}(x_i^*)] \cdot \sigma'_{x_i} \tag{8—9}$$

$$\sigma'_{x_i} = \frac{\varphi\{\Phi^{-1}[F_{X_i}(x_i^*)]\}}{f_{X_i}(x_i^*)} \tag{8—10}$$

式中 $\Phi(g)$——标准正态分布函数的反函数；

$\varphi(g)$——标准正态分布的概率密度函数；

$F_{X_i}(x_i^*)$——原随机变量 X_i 在验算点 P^* 处的分布函数值；

$f_{X_i}(x_i^*)$——原随机变量 X_i 在验算点 P^* 处的概率密度函数值。

用当量正态随机变量 X'_i 的平均值 μ'_{x_i}和标准差 σ'_{x_i}代替原随机变量 X_i 的平均值 μ_{x_i}和标准差 σ_{x_i}，代入式(8—6)、式(8—7)和式(8—8)便可得到可靠指标 β 及验算点各个坐标 x_i^*。

由上述各独立随机变量构成的坐标系属于正交坐标系（或笛卡儿坐标系），该坐标系用来度量正交随机空间（或笛卡儿随机空间）；如果功能函数中存在相关随机变量，则由这些随机变量构成的坐标系属于斜交坐标系，该坐标系用来度量广义随机空间。相关随机变量的可靠度可直接通过在广义随机空间中建立求解可靠指标表的迭代公式而获得[161]，其公式为

$$x_i^* = \mu'_{x_i} + \beta\alpha'_i\sigma'_{x_i}(i = 1, 2, \cdots, n) \tag{8—11}$$

$$\alpha'_i = -\frac{\sum_{j=1}^{n}\rho_{X'_iX'_j} \cdot \left.\frac{\partial g}{\partial X_j}\right|_{P^*} \cdot \sigma'_{x_j}}{\left(\sum_{j=1}^{n}\sum_{k=1}^{n}\rho_{X'_jX'_k} \cdot \left.\frac{\partial g}{\partial X_j}\frac{\partial g}{\partial X_k}\right|_{P^*} \cdot \sigma'_{x_j} \cdot \sigma'_{x_k}\right)^{1/2}} \tag{8—12}$$

$$g(x_1^*, x_2^*, \cdots, x_n^*) = 0 \tag{8—13}$$

式中 α'_i——σ'_{x_i}的灵敏系数；

$\rho_{X'_iX'_j}$——广义随机空间中随机变量 X_i 与 X_j（或当量正态随机变量 X'_i 与 X'_j）之

间的相关系数(原变量与当量变量间的相关系数相等);

其余符号同前。

由于上述求解可靠指标的方程组非常复杂,无法获得解析解,因而需要针对每一个具体问题采用迭代方法求解。

8.1.3 结构的极限状态

整个结构或结构的一部分超出某一特定状态就不能满足设计规定的某一功能要求,此特定状态称为该功能的极限状态。目前,在国内外的技术标准中,功能极限状态均被明确地划分为承载能力极限状态和正常使用极限状态[162]。

8.1.3.1 承载力极限状态

这一极限状态对应于结构或结构构件达到最大承载能力或不适于继续的变形。当结构或结构构件出现下列状态之一时,应认为超过了承载力极限状态:

(1)整个结构或结构的一部分作为刚体失去平衡(如倾覆);

(2)结构或结构构件失去稳定(如压屈等);

(3)地基失去承载力而破坏;

(4)结构转变为可变体系;

(5)结构构件或连接因材料强度而破坏;或因过度变形而不适于继续承载。

承载理极限状态可以理解为结构或构件发挥允许的最大承载功能的状态。结构构件由于塑性变形而使其几何形状发生改变,虽未达到最大承载力,但已彻底不能使用,也属于达到这种极限状态。

8.1.3.2 正常使用极限状态

这种极限状态对应于结构或构件达到正常使用性能的某项规定限值。当结构或构件出现下列状态之一时,应认为超过了正常使用极限状态:

(1)影响正常使用或外观的变形;

(2)影响正常使用或耐久性能的局部损坏(包括裂缝);

(3)影响正常使用的振动;

(4)影响正常使用的其他特定状态。

正常使用极限状态可以理解为结构或构件达到使用功能上允许的某个限值状态。例如,过大的变形和裂缝会造成建筑内装饰的开裂,影响建筑美观和正常使用,同时还会造成用户心理上的不安全感,因此必须使裂缝和变形控制在某一范围之内。

8.1.4 结构构件的目标可靠指标

设计目标可靠指标是设计规范规定的作为设计依据的可靠指标,它代表了设计所预期达到的结构可靠度。选取工程结构设计的目标可靠指标,是编制各类结构可靠度设计标准的核心问题。选取目标可靠指标时必须根据足够的统计资料和工程经验,应用概率理论和数理统计方法,经过大量的调查和论证,以求结构在安全与经济上达到最佳的平衡。

《建筑结构可靠度设计统一标准》(GB 50068—2001)所确定的结构构件承载能力极限状态的可靠指标见表 8—1,表中所规定的指标是各类材料结构设计规范应采用的最低目标可靠指标。同时,该标准规定了结构构件在正常使用极限状态下的可靠指标:根据正常使用极限状态的可逆程度宜取 0 ~ 1.5。

表 8—1　结构构件承载力极限状态的可靠指标

破坏类型	安全等级		
	一级	二级	三级
延性破坏	3.7	3.2	2.7
脆性破坏	4.2	3.7	3.2

8.1.5　结构极限状态设计表达式

《建筑结构可靠度设计统一标准》(GB50068—2001)将影响结构可靠性的因素分成了两组,即抗力 R 和荷载效应 S,并采用了分项系数的极限状态设计表达式,其基本形式如下:

承载能力极限状态　$\gamma_0 S \leqslant R$　(8—14)

正常使用极限状态　$S_d \leqslant C$　(8—15)

式中　γ_0——结构重要性系数;

S——荷载效应基本组合设计值;

R——结构构件的抗力设计值;

S_d——变形、裂缝等荷载效应的设计值;

C——设计对变形、裂缝等规定的限值。

8.2　锈蚀钢筋混凝土结构的可靠度

8.2.1　钢筋锈蚀引起的结构性能变化过程

在影响结构抗力衰减的众多因素中,钢筋锈蚀是导致混凝土结构性能退化的最主要原因之一,结构性能变化与混凝土中钢筋锈蚀发展过程有着密切的关系。从结构全寿命周期的角度,钢筋锈蚀导致的结构性能变化过程可分为五个阶段,如图8—2所示[163]。

第 1 阶段为 0 ~ t_0,它是混凝土结构的施工期,结构的性能会由于设计缺陷、施工缺陷、材料本身的性能影响等而不能像预期设计的那样完美。但随着施工的进行,混凝土材料强度不断增加,结构整体受力骨架逐渐形成,结构的性能表现为逐渐增强的趋势,在图 8—2 中性能指标曲线不断上升。从图纸结构变为现实空间实体的过程中，结构的性质已被决定，结构已处于特定的环境中并受其影响，因此，结构的耐久性问题伴随着结构的建造过程在施工期已经产生并潜伏于其中。t_0 时刻，结构建成并投入使用。

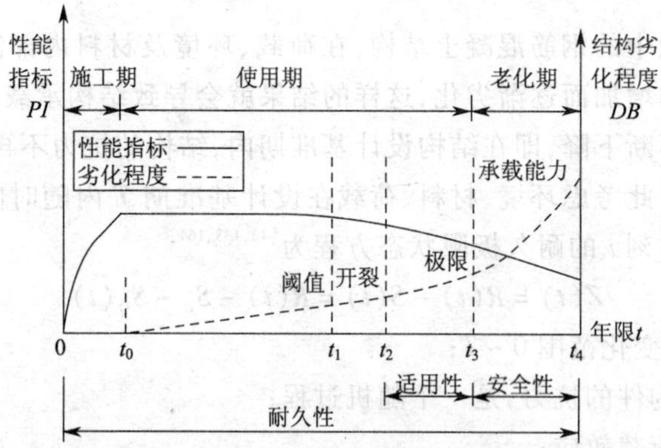

图 8—2　钢筋锈蚀引起的结构性能退化过程[163]

第 2 阶段的前期使用阶段是有害介质缓慢入侵的诱发期，需要相当长一段时间，材料性能劣化速度较慢，劣化程度有限，因此，耐久性问题对结构性能的影响不明显。劣化程度曲线 DB 和性能指标曲线 PI 变化平缓。

第 3 阶段，随着使用年限的增加，有害介质在钢筋表面堆积，使保护钢筋的碱性环境逐渐消失，钢筋开始发生局部锈蚀，钢筋一旦开始锈蚀，较小的锈蚀量、较短的时间就足以使混凝土开裂。根据已有研究成果对钢筋锈蚀特征的分析，锈蚀初期钢筋的力学性能变化不明显，钢筋与混凝土之间的粘结性能在锈蚀量较小时略有增长，而后随着锈蚀率的增加，粘结锚固性能逐渐降低，结构劣化程度由内及外逐渐表露。这一阶段，为结构性能劣化的发展期。t_2 时刻混凝土处于即将胀裂的状态。结构劣化程度曲线和性能指标曲线均较上一阶段的诱发期上升或下降为快。

第 4 阶段，随着钢筋锈蚀的加剧，混凝土出现锈胀裂缝，裂缝的存在，加速了钢筋锈蚀的进程。已有试验研究表明，钢筋屈服强度与延伸率随锈蚀率的增加而减小，特别是延伸率下降较为明显。锈胀裂缝出现后，钢筋与混凝土之间的粘结性能退化，粘结锚固性能下降进一步引起钢筋和混凝土之间的协同工作能力下降。这一阶段为结构性能劣化的加速发展期，结构劣化程度曲线和性能指标曲线的斜率明显增大。当达到 t_3 时刻时，结构耐久性不足的影响将使结构构件的变形、裂缝开展宽度提前达到正常设计情况时规范规定的限值，使结构的使用寿命缩短，适用性能受到影响，结构的可靠指标明显降低。

第 5 阶段，结构性能进入老化期。已有研究表明，钢筋严重锈蚀后，屈服强度和极限强度降低，塑性性能下降。混凝土和钢筋之间的粘结性能退化较大，混凝土保护层大面积脱落，同时构件混凝土截面受到损伤，结构构件的承载能力急剧下降。当结构性能退化到 t_4 时刻时，结构耐久性不足的影响将使结构达到承载能力极限状态。

8.2.2 锈蚀钢筋混凝土结构的耐久性极限状态方程与可靠度

实际使用环境中的钢筋混凝土结构，在荷载、环境及材料内部因素作用下，结构的性能会随时间的增加而逐渐劣化，这样的结果就会导致结构承载力不断降低、结构的可靠度也随之不断下降，即在结构设计基准期内，结构的抗力不再是常数而是随时间变化的函数。因此考虑环境、材料、荷载在设计基准期 T 内随时间的变化关系，结构或构件在任意时刻 t 的耐久极限状态方程为[12,133,164]

$$Z(t)=R(t)-S(t)=R(t)-S_G-S_Q(t) \tag{8—16}$$

式中 t——时间，变化范围 $0\sim T$；

$R(t)$——结构构件的抗力，是一个随机过程；

$S(t)$——结构荷载效应；

S_G——恒载效应，是一个随机变量，服从正态分布；

$S_Q(t)$——可变荷载效应，是一个随机过程。

显然，在 t 时刻，$Z(t)>0$，结构处于可靠状态；$Z(t)<0$，结构处于失效状态；$Z(t)=0$，结构处于极限状态。

结构在其设计基准期内每一时刻的抗力都大于荷载效应时，结构才能处于可靠状态，即结构在设计目基准期 T 内可靠的概率为

$$\begin{aligned}P_s(T)&=P\{Z(t)>0,t\in[0,T]\}\\&=P\{R(t)-S_G-S_Q(t)>0,t\in[0,T]\}\end{aligned} \tag{8—17}$$

结构在设计基准期 T 内的失效事件为结构可靠事件的互补事件，因而结构失效的概率为

$$\begin{aligned}P_f(T)&=1-P_s(T)\\&=P\{R(t)-S_G-S_Q(t)<0,t\in[0,T]\}\end{aligned} \tag{8—18}$$

由于式(8—16)为随时间变化极限状态方程，在具体求解时需要采用按时间离散的方法进行，也就是将设计基准 T 分为 m 个相等的时段，每个时段长度为 $\tau=T/m$，将可变荷载随机过程 $S_Q(t)$ 和抗力随机过程 $R(t)$ 离散为 m 个随机变量 $S_Q(t_i)$ 和 $R(t_i)$。抗力 $R(t_i)$ 的值取为第 i 个时段抗力的中值 R_i，如图 8—3 所示。

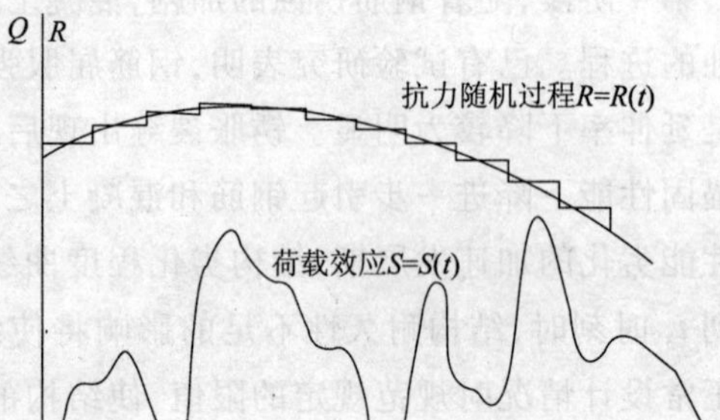

图 8—3 整个基准期内的时段划分和抗力离散化

由式(8—18)得到结构的失效概率为

$$
\begin{aligned}
P_{\mathrm{f}}(T) &= 1 - P_{\mathrm{s}}(T) \\
&= 1 - P\{R(t_{\mathrm{i}}) - S_{\mathrm{G}} - S_{\mathrm{Q}}(t_{\mathrm{i}}) > 0, t_{\mathrm{i}} \in [0, T]\} \\
&= 1 - P\left\{\min[R_{\mathrm{i}} - S_{\mathrm{G}} - S_{\mathrm{Q}}(t_{\mathrm{i}})] > 0, t_{\mathrm{i}} = \left(i - \frac{1}{2}\right)\tau, i = 1, 2, \Lambda, m\right\}
\end{aligned} \tag{8—19}
$$

该式表示在结构的设计基准期内,只要有一个时刻 t_{i} 结构抗力小于结构荷载效应,则结构就会失效。由于在整个基准期 T 内,结构可靠度是一个串联体系,通过统计分析确定时段 τ 内荷载效应最大值为 S_{Qi},并假定 S_{Qi} 也相互独立,那么,式(8—18)可以进一步表示为

$$
\begin{aligned}
P_{\mathrm{f}}(T) &= 1 - P\left\{\bigcap_{i=1}^{m} R_{\mathrm{i}} - S_{\mathrm{G}} - S_{\mathrm{Qi}} > 0, t_i \in [0, T]\right\} \\
&= 1 - P\left\{\bigcap_{i=1}^{m} S_{\mathrm{Qi}} < R_{\mathrm{i}} - S_{\mathrm{G}}\right\} \\
&= 1 - P\left\{\bigcap_{i=1}^{m} S_{\mathrm{Qi}} < r_{\mathrm{i}} - g \,\middle|\, R_1 = r_1, R_2 = r_2, \Lambda, R_{\mathrm{m}} = r_{\mathrm{m}}, S_{\mathrm{G}} = g\right\} \times \\
&\quad P\left\{R_1 = r_1, R_2 = r_2, \Lambda, R_{\mathrm{m}} = r_{\mathrm{m}}, S_{\mathrm{G}} = g\right\} \\
&= 1 - \int_0^{+\infty}\int_0^{+\infty}\Lambda\int_0^{+\infty}\prod_{i=1}^{m} F_{\mathrm{Q_i}}(r_{\mathrm{i}} - g) \cdot f_{\mathrm{R_1,R_2,\Lambda,R_m}}(r_1, r_2, \Lambda, r_{\mathrm{m}}) \cdot \\
&\quad f_{\mathrm{G}}(g)\,\mathrm{d}r_1\,\mathrm{d}r_2\Lambda\mathrm{d}r_{\mathrm{m}}\,\mathrm{d}g
\end{aligned} \tag{8—20}
$$

式中 $f_{R_1,R_2,\Lambda R_{\mathrm{m}}}(r_1, r_2, \Lambda, r_{\mathrm{m}})$——$R_1, R_2, \Lambda, R_{\mathrm{m}}$ 的联合概率密度函数;

$f_{\mathrm{G}}(g)$——S_{G} 的概率密度函数;

$F_{\mathrm{Q_i}}(\cdot)$——S_{Qi} 的概率分布函数。

假如一随机变量 Q,其概率分布函数为 $F_{\mathrm{Q}}(q)$,概率密度函数为 $f_{\mathrm{Q}}(q)$。这里只$\div$ $F_{\mathrm{Q}}(q)$ 作为一个变量,在分析过程中不考虑其具体分布。那么式(8—20)变为

$$
\begin{aligned}
P_{\mathrm{f}}(T) &= 1 - \int_0^{+\infty}\int_0^{+\infty}\cdots\int_0^{+\infty} f_{\mathrm{Q}}(\mathrm{q}) \cdot f_{\mathrm{R_1},R_2,\Lambda R_{\mathrm{m}}}(r_1, r_2, \Lambda, r_{\mathrm{m}}) \cdot f_{\mathrm{G}}(g)\,\mathrm{d}q\,\mathrm{d}r_1\,\mathrm{d}r_2\Lambda\mathrm{d}r_{\mathrm{m}}\,\mathrm{d}g \\
&= 1 - P\left\{Q - F_Q^{-1}\prod_{i=1}^{m} F_{\mathrm{Q_i}}(R_{\mathrm{i}} - S_{\mathrm{G}}) < 0\right\} \\
&= 1 - P\left\{F_Q^{-1}\prod_{i=1}^{m} F_{\mathrm{Q_i}}(R_{\mathrm{i}} - S_{\mathrm{G}}) - Q > 0\right\} \\
&= P\left\{F_Q^{-1}\prod_{i=1}^{m} F_{\mathrm{Q_i}}(R_{\mathrm{i}} - S_{\mathrm{G}}) - Q < 0\right\}
\end{aligned} \tag{8—21}
$$

那么,结构的极限状态方程为

$$
Z(t) = F_{\mathrm{Q}}^{-1}\prod_{i=1}^{m} F_{\mathrm{Q_i}}(R_{\mathrm{i}} - S_{\mathrm{G}}) - Q = 0 \tag{8—22}
$$

将 Q 取为整个基准期内 m 个时段中 $S_{\mathrm{Q_i}}$ 的最大值 $S_{\mathrm{Q,max}}$。

$$
Z(t) = F_{\mathrm{Q}}^{-1}\prod_{i=1}^{m} F_{\mathrm{Q_i}}(R_{\mathrm{i}} - S_{\mathrm{G}}) - S_{\mathrm{Q,max}} \tag{8—23}
$$

一般认为最大可变荷载效应 $S_{\mathrm{Q,max}}$ 服从极值 I 型分布,令 Q'服从下面分布:

$$F_{S_{Q,\max}}(Q') = \prod_{i=1}^{m} [F_{S_{Q,\max}}(R_i - S_G)]^{1/m} \tag{8—24}$$

用极值 I 型的概率分布函数表示为

$$F_{S_{Q,\max}}(Q') = \exp\{-\exp[-\alpha_\tau(Q'-\mu_\tau)]\}$$
$$= \exp\left\{-\frac{1}{m}\sum_{i=1}^{m} exp[-\alpha_\tau(R_i - S_G - \mu_\tau)]\right\} \tag{8—25}$$

由此解得

$$Q' = -\frac{1}{\alpha_\tau}\ln\left[\frac{1}{m}\sum_{i=1}^{m} \exp(-\alpha_\tau R_i)\right] - S_G \tag{8—26}$$

将式(8—25)代入式(8—23)，则得到考虑结构抗力随时间变化的结构可靠度分析的功能函数

$$Z(t) = -\frac{1}{\alpha_\tau}\ln\left[\frac{1}{m}\sum_{i=1}^{m} \exp(-\alpha_\tau R_i)\right] - S_G - S_{Q,\max} \tag{8—27}$$

假定设计目标期内，荷载分布及其变异系数不变，抗力值随着钢筋锈蚀和混凝土胀裂而发生变化，但仍服从对数正态分布，且变异系数不变，利用上述提出的可靠度分析方法，吴庆[133]对文献[133]中所述的锈蚀钢筋混凝土简支梁正截面动态可靠指标进行了计算，结果如图 8—4 所示。

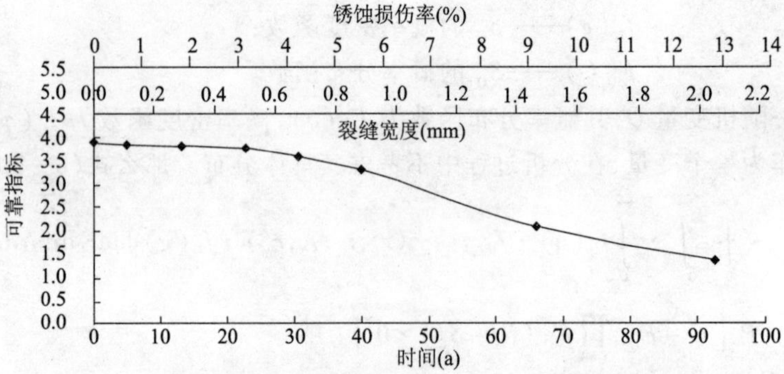

图 8—4　锈蚀梁可靠指标随时间和锈蚀率的变化[133]

从图 8—4 中可以看出，锈蚀钢筋混凝土梁的可靠度指标随锈蚀程度的增大和时间的延长会有较明显的下降。该图清楚地反映了可靠度指标随时间和锈蚀率的变化历程，当已知结构使用年限或锈蚀率时，很容易求出该构件的可靠度指标，以用于钢筋锈蚀引起混凝土锈裂损伤后混凝土结构可靠度评估或预测。

8.3　锈蚀钢筋混凝土结构耐久性极限状态

8.3.1　混凝土结构耐久性极限状态的概念

《建筑结构可靠度设计统一标准》(GB 50068—2001)要求结构在规定的设计使

用年限内应具有足够的可靠度，同时也要求结构在规定的设计使用年限内应满足下列功能：

(1)在正常施工和正常使用时，能承受可能出现的各种作用；

(2)在正常使用时具有良好的工作性能；

(3)在正常维护下具有足够的耐久性能；

(4)在设计规定的偶然事件发生时及发生后，仍能保持必需的整体稳定性。

从功能要求来看：(1)和(4)主要是结构安全性的要求，(2)是结构适用性的要求，而(3)则是结构耐久性的要求。安全性、适用性和耐久性是结构可靠性的三个重要组成部分。在考虑钢筋锈蚀等原因所引起结构性能退化的情况下，结构在建造→使用→老化的全寿命过程中，不同的阶段，不同的劣化程度或耐久性状态，都对结构的适用性和安全性产生不同的影响。耐久性的时变性使得它与适用性、安全性之间相互影响、相互制约成如图 8—5 所示的交叉关系[163]。

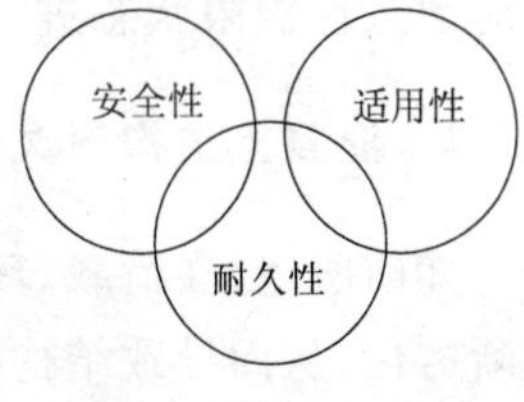

图 8—5　结构安全性、适应性和耐久性的关系

从《建筑结构可靠度设计统一标准》(GB 50068—2001)对两类极限状态的含义和具体说明可知，承载能力极限状态和正常使用极限状态分别对应于结构的安全性和适用性功能，同时标准给出了明确的界定原则，也就是失效准则(极限状态)，然而对耐久性表述却不多，考虑还很不全面。那么是否需要明确给出一个结构耐久性极限状态呢？关于这个问题，目前学术上仍没能达成共识。有的学者认为[167]，在概念上耐久性与安全性、适用性之间并不是并列的关系，对结构可靠性最基本的分类仍然是安全性和适用性，不能简单地认为结构可靠性是安全性、适用性、耐久性的总称。他们认为结构耐久性只是结构可靠性中涉及材料损伤的特殊内容，结构的耐久性或者归属于安全性，或者归属于适用性，关键在于其所考虑的极限状态是属于承载能力极限状态还是正常使用极限状态。另一方面，也有学者认为如果将将耐久性的表述体现在结构的安全性或适用性之中，容易导致对安全性、适用性、耐久性概念上的混淆，以及对三者关系的理解不清。他们认为结构耐久性是结构的综合性能，可以反映结构性能(包括安全性、适用性等)的变化程度。在此认识下，文献[163]提出了基于性能设计的性能极限状态(耐久性极限状态)。这种耐久性的性能极限状态具有以下特点：(1)动态性。在全寿命周期结构性能变化过程，每一个特定的时间点所对应的结构性能都是不同的，使用者对结构的目标期望性能可以根据需要而变化，即可以定义不同的性能极限状态。(2)性能极限状态包含了安全性、适用性以及其他性能的关键点。由于性能极限状态可以根据使用者的需要来定义，而这些需要既可以是安全性，也可以是适用性，还可能是其他如混凝土碳化、钢筋锈蚀等方面。若以混凝土碳化达到钢筋表面作为结构使用寿命终结的标准，那么混凝土碳化到钢筋表面的深度这一事件便是相应的性能极限状态。因此，性能极限状态

不仅仅局限于与安全性、适用性有关的性能，还可以是其他方面的性能。(3)性能极限状态可根据用户的特殊要求来确定。如结构的振动、视觉、采光、噪声、外观等性能的特殊要求。(4)性能极限状态可通过经济与技术的可行性比较确定，如某结构当采取维修、加固、更换等措施已经不经济或技术上难以实现时，即可认为该结构达到了经济或技术性能指标的性能极限状态。

作者认为第二种观点更合理、更可取，性能极限状态概念将结构安全性、适用性和耐久性融为一体，在考虑结构性能时变性的前提下，可以将耐久性的设计要求有效融入结构安全性、适用性的设计表达式中。实际结构设计中，可根据业主或使用者对结构的具体要求、环境状况、结构的重要性、可修复性等方面的要求选择相应的性能极限状态，确定出性能极限状态函数及可接受的最大失效概率(目标失效概率)。有了性能极限状态函数及失效概率，就可采用以失效概率或可靠指标表述的可靠度方法对耐久性极限状态进行设计。

8.3.2 混凝土结构耐久性极限状态设计表达式

如前所述，在荷载、环境及材料内部因素作用下，结构的性能会随时间的增加而逐渐劣化，从而导致结构抗力不断降低、结构的可靠度不断下降、失效概率不断增大。因此，结构的失效概率 P_f 具有时变性。如图 8—6 所示，P_f 是时间 t 的函数，随着使用年限的增加，结构的失效概率不断增大。考虑结构实际使用中对结构安全性和适用性的具体要求，可以认为结构安全性和适用性是结构性能劣化过程中的两个允许值，其所对应的失效概率是 P_f函数的两个特征点。当结构的失效概率不满足图 8—6 中的适用性目标允许值 1 或安全性目标允许值 2 时，结构的适用性或安全性受到影响，结构达到了适用性或安全性的极限状态。对同一结构构件，业主对结构性能极限状态的要求不同，则结构的失效概率或使用寿命会有较大的差别，如图 8—6 所示，性能极限状态 2 与性能极限状态 3 所对应的结构其达到适用性和安全性所经历的时间(结构目标使用期)大为不同。

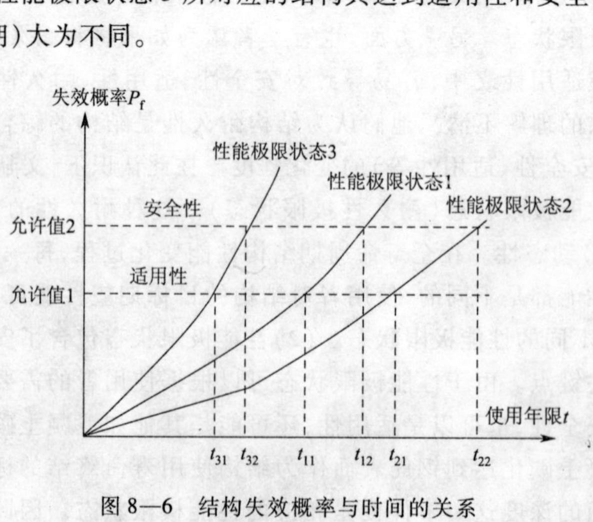

图 8—6 结构失效概率与时间的关系

根据上述耐久性极限状态的概念以及《建筑结构可靠度设计统一标准》(GB 50068—2001),也可将混凝土结构耐久性极限状态分为两大类:耐久性承载力极限状态和耐久性正常使用极限状态。与《建筑结构可靠度设计统一标准》(GB 50068—2001)相一致,再确定结构耐久性极限状态设计表达式时,也可采用分项系数的极限状态设计表达式,其基本形式如下:

耐久性承载能力极限状态 $\gamma_0 S(t) \leqslant R(t)$ (8—28)

耐久性正常使用极限状态 $S(t)_{\mathrm{d}} \leqslant C$ (8—29)

式中 t——时间,变化范围 $0 \sim T$;

γ_0——结构重要性系数;

S——荷载效应基本组合设计值;

$R(t)$——t 时刻结构构件的抗力设计值

$S(t)_{\mathrm{d}}$——t 时刻变形、裂缝、碳化深度、Cl^- 浓度等荷载及环境效应的设计值;

C——设计对变形、裂缝、碳化深度、Cl^- 浓度等规定的限值。

8.3.3 锈蚀钢筋混凝土结构耐久性极限状态标志

由于结构类别、环境条件及结构使用情况的差异,对结构耐久性的要求会有所不同,相应的结构耐久性极限状态标志应有所区别。《混凝土结构耐久性设计规范》(GB/T 50476—2008)中要求结构设计使用年限终结时,结构耐久性退化不应损害到结构的承载能力。在此要求下,将混凝土结构耐久性正常使用极限状态分为以下三种情况[165]:

(1)对锈蚀敏感的预应力钢筋、冷加工钢筋或直径小于 6 mm 的受力钢筋,以钢筋临界锈蚀状态作为极限状态标志。钢筋临界锈蚀状态是指混凝土的碳化发展到钢筋表面附近或 Cl^- 侵入混凝土内部并在钢筋表面累积的浓度达到临界浓度(即钢筋开始锈蚀)。

(2)对普通热轧钢筋,可按钢筋发生适量锈蚀状态作为极限状态标志。适量锈蚀是指钢筋锈蚀发展导致混凝土构件表面出现顺筋裂缝,或钢筋截面的径向锈蚀深度达到 0.1 mm。

(3)对冻融环境和化学腐蚀环境中的混凝土构件可按混凝土表面发生轻微损伤的状态作为极限状态标志。轻微损伤是指不影响结构所需外观、不明显损害构件的承载力和表层混凝土对钢筋保护作用的损伤。

从上面的规范规定可以看出,对于一般钢筋混凝土结构,其耐久性失效的极限状态是钢筋锈蚀导致混凝土构件表面出现顺筋裂缝,或钢筋截面的径向锈蚀深度达到 0.1 mm。相比较而言,后一种标志作为极限状态比较精确,但前一种标志比较直观,工程上应用较为方便、快捷。

一般混凝土结构都是带裂缝工作的,许多试验也表明,即使顺筋裂缝达到一定的宽度,结构性能仍没有明显退化。基于此,文献[133]将顺筋裂缝宽度为 0.5 mm 作为一般混凝土结构锈蚀受弯构件的耐久性极限状态，将顺筋裂缝宽度为0.3 mm 作为一般混凝土结构偏心受压构件的耐久性极限状态。

8.3.4 基于顺筋裂缝宽度限值的混凝土结构耐久性极限状态设计表达式

以顺筋裂缝宽度达到限值为混凝土耐久性极限状态标志，则必须得出钢筋锈蚀引起的混凝土表面顺筋裂缝宽度和钢筋锈蚀率之间的关系才能进行结构耐久性的定量设计。文献[133]根据70根不同类型钢筋试样的试验结果，经过统计绘制了顺筋裂缝宽度 w 和钢筋锈蚀率之间的关系图(图8—7)，在此基础上建立了人工气候环境下 Cl^- 外侵钢筋锈蚀率与裂缝宽度之间的关系模型：

$$w=-0.0363\lambda^2+0.3418\lambda-0.0011 \tag{8—30}$$

式中 λ——钢筋锈蚀率。

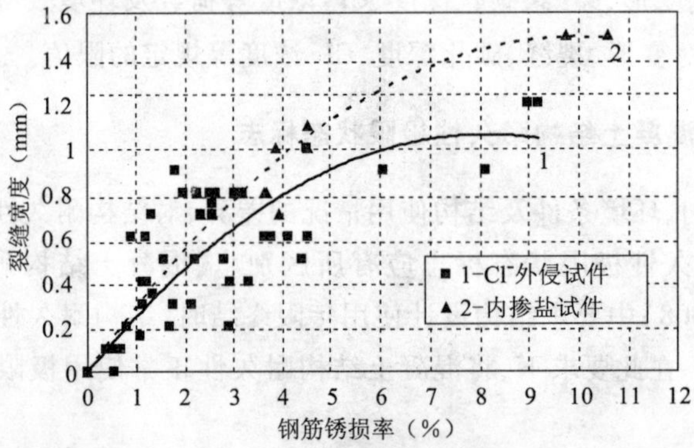

(a) 不同Cl⁻侵入方式

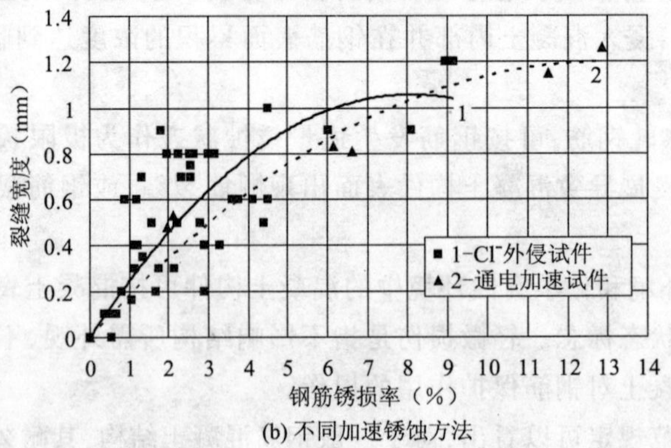

(b) 不同加速锈蚀方法

图8—7 混凝土表面锈胀裂缝宽度与锈蚀损伤率间的关系[133]

于是，在忽略其他因素的情况下，基于顺筋裂缝宽度限值的混凝土结构耐久性极限状态设计表达式为

混凝土受弯构件 $w=-0.0363\lambda^2+0.3418\lambda-0.0011\leqslant[w]=0.5$ (8—31)

混凝土偏心受压构件　$w=-0.0363\lambda^2+0.3418\lambda-0.0011\leq[w]=0.3$

(8—32)

因此,只要计算出钢筋锈蚀率,即可根据上式进行混凝土结构耐久性设计计算。

8.4 小　　结

(1)目前我国工程结构设计中采用了概率极限状态的结构设计方法,结构可靠度与可靠性指标是该设计方法中的基本概念,具体设计时采用了带有分项系数的极限状态设计表达式。

(2)在影响结构抗力衰减的众多因素中,钢筋锈蚀是导致混凝土结构性能退化的最主要原因之一,结构性能变化与混凝土中钢筋锈蚀发展过程有着密切的关系。从结构全寿命周期的角度,钢筋锈蚀导致的结构性能变化过程一般可分为五个阶段。锈蚀钢筋混凝土梁的可靠度指标随锈蚀程度的增大和时间的延长会有较明显的下降。

(3)性能极限状态概念将结构安全性、适用性和耐久性融为一体,在考虑结构性能时变性的前提下,可以将耐久性的设计要求有效融入结构安全性、适用性的设计表达式中。

(4)《混凝土结构耐久性设计规范》(GB/T 50476—2008)中要求结构设计使用年限终结时,结构耐久性退化不应损害到结构的承载能力。根据构件具体要求的不同,可以将钢筋临界锈蚀状态、钢筋发生适量锈蚀状态和混凝土表面发生轻微损伤的状态作为混凝土结构耐久性正常使用极限状态。

参 考 文 献

[1] WCED. Our Common Future[M]. Oxford:Oxford University Press,1987.

[2] 张毅.建筑节能管理[M].北京:中国建筑工业出版社,2007.

[3] 洪乃丰.建筑腐蚀可持续发展[J].工业建筑,2006,36(13):76-79.

[4] 金伟良.混凝土结构耐久性研究主要进展及其发展趋势[C].in:国家自然科学基金委员会"十一·五"发展战略研究报告:"建筑、环境与土木工程Ⅱ"(土木工程卷).北京:科学出版社,2006.

[5] 洪定海.混凝土中钢筋的腐蚀与保护[M].北京:中国铁道出版社,1998.

[6] Mehta PK. Durability-critica lissues for the future[J]. Concrete International,1997,(19):27-33.

[7] 卢木.混凝土耐久性研究现状和研究方向[J].工业建筑,1997,27(5):1-6.

[8] 王晓初,金明君,杨春峰.混凝土结构耐久性研究现状综述[J].混凝土,2006(2):31-33.

[9] 金伟良,赵羽习.混凝土结构耐久性[M].北京:科学出版社,2002.

[10] 林茂,朱平华.混凝土结构的绿色耐久性[J].混凝土,2006(12):39-42.

[11] Mehta PK. Concrete durability:fifty year's progress[A]. Proceeding of International Conference on Concrete Durability[C]. ACI SP126-1, 1991: 1-33.

[12] 李果,大即信明,袁迎曙.粉煤灰混凝土钢筋腐蚀 Cl^- 门槛值研究[J].混凝土,2009,(6):49-53.

[13] 魏宝明.金属腐蚀理论及应用[M].北京:化学工业出版社,1984.

[14] 梁成浩.金属腐蚀学导论[M].北京:机械工业出版社,1999.

[15] 姬永生.自然与人工气候环境下钢筋混凝土退化过程的相关性研究[D],徐州:中国矿业大学,2007.

[16] Andrade C. Alonso C. Molina F. J. Cover Cracking as a Function of Rebar Corrosion: Part Ⅱ-Numerical Model[J]. Materials and Structures, 1993, 26,(163):532-548.

[17] Dagher H. J, Kulendmn S. Finite Element Modeling of Corrosion Damage in Concrete Structures [J]. ACI Structural Journal, Vol. 89, No. 6, 1992, 699-708.

[18] 袁迎曙,姬永生,牟艳君.混凝土内钢筋锈蚀层发展和锈蚀量分布模型研究[J].土木工程学报,2007,40(7):5-10.

[19] 屈文俊,张誉,张伟平.混凝土胀裂时钢筋锈蚀量的确定[J].工程力学,1997年增刊.

[20] Youping Liu, Weyers R. E.. Modeling the Time-to-Corrosion Cracking in Chloride Contaminated Reinforced Concrete Structures[J]. ACI Materials Journal, Vol. 95, No. 6, 1998, 675-68.

[21] Morinaga S. Prediction of Service Life of Reinforced Concrete Buildings Based on the Corrosion rate of Reinforcing Steel[J]. Durability of Building Materials and Components, Proceedings of the Fifth International Conference Held in Brighton, UK, 1990.

[22] Allan M. L. Probability of Corrosion Induced Cracking in Reinforced Concrete[J]. Cement and Concrete Research, Vol. 25, No. 6, 1995, 1179-1190.

[23] Andrade C, Alonso C, Molina F. J. Cover Cracking as a Function of Rebar Corrosion: Part Ⅰ-Experimental Test[J]. Materials and Structures, Vol. 26, No163, 1993, 453-464.

[24] Alonso C, Andrade C, Rodriguez J, et al. Factors Controlling Cracking of Concrete affected Reinforcement Corrosion[J]. Materials and Structures, Vol. 31, No. 211, 1998, 435-441.

[25] Rasheeduzzafar, AI-Sandoun S. S, Al-Gahtani A. S. Corrosion Cracking in Relation to Bar Diameter, Cover and Concrete Quality[J]. Journal of Materials in Civil Engineering, VolA No. 4, 1992, 327-342.

[26] Cabera J. G. Deterioration of Concrete Due to Reinforcement Steel Corrosion[J], Cement and Concrete Composites, Vol. 18, 1999, 47-59.

[27] 惠云玲. 混凝土结构中钢筋锈蚀程度评估及预测试验研究[J]. 工业建筑,1997,27(6):6-9.

[28] 丁威,崔国惠. 钢筋锈蚀引起混凝土保护层初裂时间的推定研究[J]. 施工技术,2000,29(5):455-467.

[29] 韩继云. 锈蚀钢筋力学性能的试验研究[M]. 中国建筑科学研究院,1991,6.

[30] 惠云玲,郭永重,李小瑞. 混凝土中钢筋锈蚀机理、特征及检测评定方法[J]. 工业建筑,2002,32(2):5-7.

[31] 张平生,卢梅,李晓燕. 锈损钢筋的力学性能[J]. 工业建筑,1995,25(9):41-44.

[32] 梁发云,陈龙珠. 锈蚀钢筋与混凝土粘结性能研究述评[J]. 混凝土,2000,(9):52-58.

[33] 王林科,陶峰等. 锈后钢筋混凝土粘结锚固的试验研究[J]. 工业建筑,1996,26(4):14-16.

[34] Yu Bun Auyeung, P. Balaguru, Lan Chung. Bond Behavior of Corroded Reinforcement Bars[J]. ACI Materials Journal, 2000, 3-4.

[35] Lamya Amleh, Saeed Mirza. Corrosion Influence on Bond between Steel and Concrete[J]. ACI Structural Journal, 1999,5-6.

[36] Kyle Stanish, R. D. Hooton, S. J. Pantazopoulou. Corrosion Effects on Bond Strength in Reinforced Concrete[J]. ACI Structural Journal, 1999, 11-12.

[37] 黄振国,李健美,郭乐工等. 受腐蚀钢筋混凝土材料基本性能与受弯构件的试验研究[J]. 建筑结构,1998,(12):18-20.

[38] Han-Seung Lee, Takafumi Noguchib, Fuminori Tomosawa. Evaluation of the Bond Properties between Concrete and Reinforcement as a Function of the Degree of Reinforcement Corrosion[J]. Cement and Concrete Research, 2002,(32):1313-1318.

[39] 张伟平,张誉. 锈胀开裂后钢筋混凝土粘结滑移本构关系研究[J]. 土木工程学报 2001,34(5):40-44.

[40] 吴庆,袁迎曙,蒋建华,等. 锈蚀钢筋与混凝土粘结机理试验研究[J]. 中国矿业大学学报,2009,38(5):685-691.

[41] 袁迎曙,贾福萍,蔡跃. 锈蚀钢筋混凝土梁的结构性能退化模型[J]. 土木工程学报,2001,34(3):47-52.

[42] 惠云玲,李荣,林志伸等. 混凝土基本构件钢筋锈蚀前后性能试验研究[J]. 工业建筑,1997,27(6):14-18.

[43] Capozucca R, Nidle. Identification of Damage in Reinforced Concrete Beams Subjected to Corrosion[J]. ACI Structure Journal, 2000, 97(6):902-909.

[44] 吴瑾,吴胜兴.锈蚀钢筋混凝土受弯构件承载力计算模型.工程科技论坛“土建结构工程的安全性与耐久性”论文集,北京,2001.

[45] Almusallam A. A, Al-Gahtani A. S, Rasheeduzzafar. Effect of Reinforcement Corrosion on Flexural Behavior of Concrete Slabs[J]. Journal of Materials in Civil Engineering,1996,8(3):123-127.

[46] Shuenn-Chern Ting, Andrzej S. Nowak. Effect of Reinforcing Steel Area Loss on Flexural Concrete Beams[J]. ACI Structure Journal, 1991, 88(3): 309-314.

[47] 牛荻涛,翟彬,王林科,等.锈蚀钢筋混凝土梁的承载力分析[J].建筑结构,1999,(8):23-25.

[48] 吴庆,袁迎曙,李洁勇.人工气候环境下锈蚀混凝土梁的结构性能退化研究[J].中国矿业大学学报,2007,36(4):442-445.

[49] 惠云玲.混凝土结构钢筋锈蚀耐久性损伤评估及寿命预测方法[J].工业建筑,1997,27(6):19-23.

[50] 牛荻涛,卢梅,王庆霖.锈蚀钢筋混凝土梁正截面受弯承载力计算方法研究[J].建筑结构,2002,32(10):14-17.

[51] 范颖芳,周晶,黄振国.受氯化物腐蚀钢筋混凝土构件承载力研究[J].工业建筑,2001,31(5):3-5.

[52] 袁迎曙,李果.锈蚀钢筋混凝土柱的结构性能退化特征[J].建筑结构,2002,(10):18-20.

[53] 史庆轩,李小健,牛荻涛,等.锈蚀钢筋混凝土偏心受压构件承载力试验研究[J].工业建筑,2001,31(5):14-17.

[54] 贡金鑫,仲伟秋,赵国藩.受腐蚀钢筋混凝土偏心受压构件低周反复性能的试验研究[J].建筑结构学报,2004,25(5):92-97.

[55] 颜桂云,孙炳楠,王泽军.锈蚀钢筋混凝土压弯构件抗震性能的试验研究[J].建筑结构,2003,33(2):16-18.

[56] 牛荻涛,陈新孝,王学民.锈蚀钢筋混凝土压弯构件抗震性能试验研究[J].建筑结构,2004,34(10):36-38.

[57] 史庆轩,牛狄涛.反复荷载作用下锈蚀钢筋混凝土受弯构件恢复力性能的试验研究[J].地震工程与工程震动,2000,20(4):44-50.

[58] 杨德钧,沈卓身.金属腐蚀学[M].北京:冶金工业出版社,1999.

[59] 樊云昌,曹兴国,陈怀荣.混凝土中钢筋腐蚀的防护与修复[M].北京:中国铁道出版社,2001.

[60] 储炜,史苑芗,魏宝明,等.模拟混凝土孔溶液中钢筋钝化膜生长动力学及孔蚀过程的研究[J].电化学.1995,(1)4:415-421.

[61] 汪鹰,史苑芗,魏宝明,等.用XPS研究钢筋钝化膜和Cl^-对钝化膜的影响[J].中国腐蚀与防护学报.1998,(18)2:107-112.

[62] 汪鹰,史苑芗,魏宝明,等.原子力显微镜对钢筋表面钝化膜的研究[J].中国腐蚀与防护学报.1998,(18)2:102-106.

[63] 朱安民.混凝土碳化与钢筋混凝土耐久性[J].混凝土,1992,4(6):18-22.

[64] 李果,袁迎曙.气候条件对混凝土碳化速度的影响[J].混凝土,2004,(11):49-51.

[65] 牛荻涛,陈亦奇,于澍.混凝土结构的碳化模式与碳化寿命分析[J].西安建筑科技大学学报,1995,27(4):365-369.

[66] M. N. Haque, M. Kawamura. Carbonation and chloride induced corrosion in concrete[J]. ACI

Materials Journal, 1992, 89(1): 41-48.

[67] 金伟良,鄢飞.混凝土碳化指数的概率模型[J].混凝土,2000,(1):35-37.

[68] P. J. Parrott. Design for avoiding damage due to carbonation-induced corrosion[J]. American Concrete Institute SP-145, ACI, Detroit, 1994, 283-298.

[69] J. N. Enevoldsen, C. M. Hansson, B. B. Hope. The influence of internal relative humidity on the rate of corrosion of steel embedded in concrete and mortar, Cement and Concrete Research[J]. 1994, 24: 1373-1382.

[70] 冷发光.荷载作用下混凝土 Cl⁻ 渗透性及其测试方法研究[D].北京:清华大学,2002.

[71] Erik P. Nielsena, Mette R. Geiker. Chloride diffusion in partially saturated cementitious material [J]. Cement and Concrete Research. 2003, (33): 133-138.

[72] K. Hong, R. D. Hooton. Effects of cyclic chloride exposure on penetration of concrete cover[J]. Cement and Concrete Research. 1999, (29): 1379-1386.

[73] Jung S. Kong, Ayman N. Ababneh, Dan M. Frangopol. Reliability analysis of chloridepenetration in saturated concrete[J]. Probabilistic Engineering Mechanics, 2002, (17): 305-315.

[74] Rob B. Polder, Willy H. A. Peelen. Characterisation of chloride transport and reinforcement corrosion in concrete under cyclic wetting and drying by electrical resistivity[J]. Cement & Concrete Composites, 2002,(24): 427-435.

[75] 李岩,朱雅仙.混凝土中钢筋腐蚀的 Cl⁻ 临界浓度试验研究水利水运工程学报[J].2004,(1):24-28.

[76] Michael Thomas. Chloride thresholds in marine concrete[J]. Cement and Concrete Research. 1996, 26(4):513-519.

[77] Alonso. C, Andrade. C, Castellote. M. Chloride threshold values to depassivate reinforcing bars embedded in a standardized OPC mortar[J]. Cement and Concrete Research, 2000,30(7):1047-1055.

[78] 刘晓敏,史志明,林海潮等.钢筋在混凝土模拟孔隙液中腐蚀电化学行为[J].腐蚀科学与防护技术,1997,9(2):140-143.

[79] Goni. S, Andrade. C. Synthetic concrete pore solution chemistry and rebar corrosion rate in the presence of chlorides[J]. Cement and Concrete Research, 1990, (20):525-539.

[80] Hussain. S. E, Rasheeduzzafar, Al-Musallam. A. Factors affecting threshold chloride for reinforcement corrosion in concrete[J]. Cement and Concrete Research, 1995, (25):1543-1555.

[81] 龚洛书,柳春圃.混凝土的耐久性及其防护修补[M].北京:中国建筑工业出版社,1990.10.

[82] 张奕,姚昌建,金伟良.干湿交替区域混凝土中 Cl⁻ 分布随高程的变化规律[J].浙江大学学报(工学版),2009,43(2):360-365.

[83] 冯乃谦,路新瀛,郝挺宇.耐久 100 年以上的高性能混凝土[J].混凝土与水泥制品,1998,(4):5-9.

[84] Xinying Lu. Application of Nernst-Einstein Equation to Concrete[J]. Cement amd Concrete Research, 1997,27(2):293-302.

[85] 普通混凝土长期性能和耐久性能试验方法(GB/T 50082—2009),北京:中国建筑工业出版社,2010.4.

[86] 张伟平,张誉,刘亚芹.混凝土中钢筋腐蚀的电化学检测方法[J].工业建筑,1998,28(12):21-25.

[87] 耿欧,李果,袁迎曙.电化学技术在钢筋混凝土耐久性研究中的应用现状与展望[J].混凝土,2005,(2):20-23.

[88] 朱敏.IR降对混凝土中钢筋腐蚀电化学测量结果的影响[J].北京科技大学学报,2002,24(2):111-114.

[89] Guangling Song. Theoretical analysis of the measurement of polarisation resistance inreinforced concrete [J]. Cement & Concrete Composites, 2000(22):407-415.

[90] S. Feliu, J. A. Gonzlaez. Possibilities of the guard ring for electrical signal confinement in the polarization measurements of reinforcements [J]. Corrosion 1990, 46(12).

[91] S. Fliu, J. A. Gonzlaez. Confinement of the electrical signal for in situ measurement of polarization resistance in reinforced concrete [J]. ACI Materials Journal, 1990: 9-10.

[92] C. Andrade. On-site measurements of corrosion rate of reinforcements [J]. Construction and Building Materials, 2001,(15).

[93] 白新德,耿怀之.屏蔽环技术可行性的理论及实验检[J].建筑技术,2000,18(5).

[94] S. G. Millard, D. Law, J. H. Bungey, et al. Environmental influences on linear polarization corrosion rate measurement in reinforced concrete [J]. NDT & E international, 2001(34): 409-417.

[95] Z. P. Bazant. Physical model for steel corrosion in cconcrete sea structures—theory [J]. ASCE Journal of Structural Division, 1979,105(ST6):1137-1154.

[96] Z. P. Bazant. Physical model for steel corrosion in cconcrete sea structures—application [J]. ASCE Journal of Structural Division, 1979,105(ST6):1155-1166.

[97] 刘西拉,苗树柯.混凝土结构中的钢筋腐蚀及其耐久性计算[J].土木工程学报,1990,23(4):69-78.

[98] G. Balabanic, N. Bicanic, A. Durekovic, The Influence of w/c ratio, Concrete Cover Thickness and Degree of Water Saturation on the Corrosion Rate of Reinforcing Steel in Concrete[J]. Cement and Concrete Research, 1996, 26(5):761-769.

[99] 肖从真.混凝土中钢筋腐蚀的机理研究及数论模拟方法[D].北京:清华大学,1995.

[100] 牛荻涛.混凝土结构耐久性与寿命预测[M].北京:科学出版社,2003.

[101] 鄢飞.大气环境下混凝土构件耐久性的若干问题研究[D].杭州:浙江大学,1999.

[102] 张伟平.混凝土结构的钢筋锈蚀损伤预测及其耐久性评估[D].同济大学图书馆,1999.

[103] T. Liu, R. W. Weyers. Modeling the dynamic corrosion process in chloride contaminated concrete structures[J]. Cement and Concrete Research, 1998,28(3):356-379.

[104] 李果.钢筋混凝土耐久性的环境行为与基本退化模型研究[D].徐州:中国矿业大学,2004.

[105] 邸小坛,周燕.大气环境下钢筋锈蚀规律的研究[C].in:第四届全国混凝土耐久性学术交流会论文集.1996.

[106] J. A. Gonzalez, W. Lopez, P. Rodriguez. Effects of Moisture Availability on Corrosion Kinetics of Steel Embedded in Concrete [J]. Corrosion, 1993,(12):1004-1010.

[107] S. Xiaobing, L. Xila. Experiment research on corrosion of reinforcement in concrete through

cathode-to-anode area ratio [J]. ACI Materials Journal, 2000, 97(2): 148-155.

[108] 宋晓冰.混凝土中钢筋的腐蚀[D].北京:清华大学,1999.

[109] 吴中伟.高性能混凝土[M].北京:中国铁道出版社,1999.

[110] 林瑞泰.多孔介质传热传质引论[M].北京:科学出版社.1995.10.

[111] V. G. Papadakis, C. G. Vayenas. Physical and chemical characteristics affecting the durability of concrete[J]. ACI Materials Journal,1991, 8(2):186-196.

[112] J. G. Cabrera, P. A. Claisse. Oxygen and water vapour transport in cement silica fume pastes [J]. Construction and Building Materials 1999(13):405-414.

[113] Nasir Shafiq, J. G. Cabrera. Effects of initial curing condition on the fluid transport properties in OPC and fly ash blended cement concrete [J]. Cement & Concrete Composites, 2004 (26): 381-387.

[114] 施惠生,U. Ludwig. 用氧扩散法测定砂浆渗透性的研究[J].建筑材料学报,1998,1(3):210-214.

[115] 张誉,蒋利学.基于碳化机理的混凝土碳化深度实用数学模型[J].工业建筑,1998,28(1):16-19.

[116] 蒋利学.混凝土碳化与钢筋锈蚀机理及其计算模型[D].上海:同济大学图书馆,1999.

[117] 牛荻涛,王林科.氧气在混凝土中扩散系数的确定[J],西安建筑科技大学学报.1996,28(1):10-13.

[118] 李志辉,罗平.SPSS for windows 统计分析教程(第2版)[M].北京:电子工业出版社,2004.

[119] 陈正昌,程炳林,陈新丰,等.多变量分析方法统计软件应用[M].北京:中国税务出版社,2005.

[120] 宋晓冰,刘西拉.混凝土中钢筋腐蚀速度的过程控制[J].工业建筑,2000,30(60):53-56.

[121] 阎培渝,游铁,崔路,等.高含氯混凝土中钢筋宏电池腐蚀速率控制因素[J].工业建筑,2000,30(5):6-9.

[122] 蒋德稳.钢筋混凝土人工综合侵蚀效应的研究[D].徐州:中国矿业大学,2002.

[123] 郭剑飞.混凝土孔结构与强度关系理论研究[D].杭州:浙江大学,2004.

[124] 牟艳君.混凝土内钢筋锈胀效应和预测模型研究[D].徐州:中国矿业大学,2006.

[125] 王光雍.自然环境的腐蚀与防护[M].北京:化学工业出版社,1997.

[126] Shamsad Ahmad. Reinforcement corrosion in concrete structures, its monitoring and service life prediction-a review[J]. Cement & Concrete Composites, 2003 (25) :459-471.

[127] 弓国军,宋晓冰,孔启明.氯盐污染下混凝土的电阻率[J].工业建筑.2005,35(12):5-7.

[128] A. K. Suryavanshi, J. D. Scantlebury, S. B. Lyon. Corrosion of reinforcement steel embedded in high water-cement ratio concrete contaminated with chloride [J]. Cement and Concrete Composites, 1998(20): 263-281.

[129] R. Polder. Test methods for on site measurement of resistivity of concrete[J]. Materials and Structures/Materiaux et Constructions, 2000, 33(12):603-611.

[130] 程守洙,江之永.普通物理学[M].北京:高等教育出版社,1990.7.

[131] 徐名涛,王林科,牛荻涛.混凝土中钢筋腐蚀模型验证分析[J].西安建筑科技大学学报,1999,31(2):127-130.

[132] 赵羽习,金伟良.混凝土构件锈蚀胀裂时的钢筋锈蚀率[J].水利学报,2004,(11):97-101.
[133] 吴庆.基于钢筋锈蚀的混凝土构件性能退化预计模型[D].徐州:中国矿业大学,2007.
[134] 赵羽习,金伟良.钢筋锈蚀导致混凝土构件保护层胀裂的全过程分析[J].水利学报,2005,36(8):939-945.
[135] Francois R, Arliguie G. Effect of Microcracking and Cracking on the Development of Corrosion in Reinforced Concrete Members [J]. Magazine of Concrete Research, 1999, 51(2):143-150.
[136] G. De Schutter. Quantification of the Influence of Cracks in Concrete Structures on Carbonation and Chloride Penetration [J]. Magazine of Concrete Research, 1999, 51(6):427-435.
[137] Sanchun Yoon, Kejin Wang, W. Jason, et al. Interaction between Loading, Corrosion, and Serviceability of Reinforced Concrete [J]. ACI Materials Journal, 2000, 97(6):637-644.
[138] Peter Schiebl, Michael Raupach. Laboratory Studies and Calculations on the Influence of Crack Width on Chloride-Induced Corrosion of Steel in Concrete [J]. ACI Materials Journal, 1997, 47(1):56-61.
[139] Y. Sanchun, W. Kejin, W. W. Jason, et al. Interaction between loading, corrosion, and serviceability of reinforced concrete [J]. ACI Materials Journal, 2000, 97(6): 637-644.
[140] 王传志,滕智明.钢筋混凝土结构理论[M].北京:中国工业出版社,1985.
[141] Suzuki Kazuo. Internal cracking characteristics of partially prestressed concrete beams [J]. Transactions of the Japan Concrete Institute,1985,(6):355-362.
[142] 张喜德.混凝土结构中箍筋的锈蚀机理分析[J].广西大学学报(自然科学版),2003,28(1):10-13.
[143] 刘西拉.重大土木与水利工程安全性及耐久性的基础研究[J].土木工程学报,2001,34(6):1-4.
[144] 史庆轩,李小健,牛荻涛,等.锈蚀钢筋混凝土偏心受压构件承载力试验研究[J].工业建筑,31(5):14-17.
[145] 耿欧,袁迎曙,李富民等.混凝土中变形与光圆钢筋腐蚀速率试验研究[J].中国矿业大学学报,2006,35(4):488-491.
[146] 林之光.中国的气候及其极值[M].北京:商务印书馆,1995.
[147] 北京市气象局气候资料室.北京气候志[M].北京:北京出版社,1987.
[148] 沈国权.当量积温及其应用[J].气象,1981(7):23-25.
[149] 吴钟玲,陈铁如,姚渝丽.当量积分的探讨[J].农业与技术,1996(2):47-50.
[150] 许凤和,李晓骏,陈新文.复合材料老化寿命预测技术中大气环境当量的确定[J].2001,18(2):94-96.
[151] 陶峰,王林科,王庆霖,等.服役钢筋混凝土构件承载力的试验研究[J].工业建筑,1996,26(4):17-20.
[152] 任宝双,钱稼茹,聂建国.在用钢筋混凝土简支桥面梁受弯承载力估算[J].工业建筑,2000,30(11):29-33.
[153] 金伟良,赵羽.锈蚀钢筋混凝土梁抗弯强度的试验研究[J].工业建筑,2001,31(5):9-11.
[154] 黄振国,李健美,郭乐工,等.受腐蚀钢筋混凝土材料基本性能与受弯构件的试验研究[J].建筑结构,1998(12):18-20.

[155] 王庆霖,迟永亮,牛获涛.锈后无粘结钢筋混凝土梁的模拟试验与分析[J].建筑结构,2001(4):51-53.

[156] 孙彬,牛获涛,王庆霖.锈蚀钢筋混凝土梁抗弯刚度分析与计算[J].建筑结构,2004,34(10):43-45.

[157] 牛获涛,全明研.锈蚀钢筋混凝土压弯构件抗震性能试验研究[J].建筑结构,2004,34(10):37-38.

[158] 陈伯望.钢筋混凝土损伤梁压区粘钢加固修复和混凝土修补的试验研究与分析[D].长沙;湖南大学,2001.4.

[159] 全明研.老化和损伤的钢筋混凝土构件的性能[J].工业建筑,1990,20(2):10-13.

[160] 赵羽习.钢筋混凝土结构粘结性能和耐久性的研究[D].杭州:浙江大学,2001.1.

[161] 赵国藩,金伟良,贡金鑫.结构可靠度理论[M].北京:中国建筑工业出版社,2000.

[162] 中国工程建设标准化协会标准:《建筑结构可靠度设计统一标准》(GB 50068—2001)[S].北京:中国建筑工业出版社,2001.

[163] 金伟良,钟小平.结构全寿命的耐久性与安全性、适用性的关系[J].建筑结构学报,2009,30(6):1-7.

[164] 吴瑾,吴胜兴.锈蚀钢筋混凝土结构可靠度评估[J].工程力学,2005,22(1):118-121.

[165] 中国工程建设标准化协会标准:《混凝土结构耐久性设计规范》(GB/T 50476—2008)[S].北京:中国建筑工业出版社,2008.

[166] 马文彬.气候环境变化与混凝土内微环境的响应规律研究[D].徐州:中国矿业大学,2007,6.

[167] 高永航.既有钢筋混凝土结构耐久性评定的概率方法[D].西安:西安建筑科技大学,2009,6.

后记

钢筋混凝土结构耐久性是目前混凝土结构研究领域的一个重要课题,它涉及混凝土及钢筋原材料的基本性能理论、环境因素作用与腐蚀理论、构件力学性能理论和建筑结构可靠度设计准则等方面的知识。本书针对混凝土中钢筋锈蚀的问题,从混凝土内钢筋锈蚀的电化学基本原理出发,分别介绍了钢筋锈蚀速率电化学基本模型、顺筋裂缝区钢筋锈蚀速率、横向裂缝区钢筋锈蚀速率、混凝土构件配筋特征对钢筋锈蚀速率的影响、混凝土构件钢筋锈蚀速率和锈蚀量以及锈蚀钢筋混凝土结构耐久性极限状态等问题的最新研究成果。但由于混凝土中钢筋锈蚀的复杂性,本书中所介绍研究成果在某些方面可能还存在一定的欠缺和不足,希望和混凝土耐久性研究领域的专家、同行们共同研讨、交流,以期共同促进混凝土结构耐久性研究的深入开展。

在本书的写作过程中,作者对混凝土结构耐久性也有了更为全面的认识:

(1)提高混凝土结构耐久性是我国国民经济可持续发展中必须重视和大力解决的一个重要课题。大量工程设施耐久性不足所造成的经济损失给我国国民经济发展带来沉重负担,同时提高混凝土结构耐久性可以节约大量的水泥和天然砂石,从而可以节约大量能源和资源。

(2)基于性能的设计是今后建筑结构设计的重要发展趋势。性能极限状态(耐久性极限状态)能考虑环境、材料、荷载在设计目标期内随时间的变化关系,考虑结构在整个寿命周期内经济与技术的可行性,从而使设计更为合理。

(3)人工气候环境模拟试验是混凝土结构耐久性研究的重要手段。人工气候环境模拟可以较为真实的反应构件在实际自然环境中的耐久性退化规律,比通电锈蚀等方法更具有先进性。

(4)钢筋锈蚀是影响钢筋混凝土结构耐久性的最主要因素。

同时,在混凝土耐久性研究领域,以下几个基础理论问题还需进一步进行研究:

(1)自然环境中随机变化的各环境因素的等效问题以及与人工气候试验的相似问题;

(2)裂缝与钢筋锈蚀交互作用与发展问题;

(3)锈蚀钢筋力学性能及其与混凝土的粘结性能以及构件承载力退化规律;

(4)钢筋锈蚀的实时监测技术;

(5)工程环境数值模拟问题;

(6)混凝土结构寿命预测和评估专家系统。